环境设计认知与考察

张铁 杨林 曹田 著

電子工業出版社
Publishing House of Electronics Industry
北京·BEIJING

图书在版编目（CIP）数据

环境设计认知与考察 / 张铁，杨林，曹田著. — 北京 : 电子工业出版社，2017.12

ISBN 978-7-121-33245-6

Ⅰ. ①环… Ⅱ. ①张… ②杨… ③曹… Ⅲ. ①环境设计 – 高等学校 – 教材 Ⅳ. ①TU-856

中国版本图书馆CIP数据核字(2017)第308960号

策划编辑：赵玉山
责任编辑：赵玉山
印　　刷：北京京师印务有限公司
装　　订：北京京师印务有限公司
出版发行：电子工业出版社
　　　　　北京市海淀区万寿路173信箱　　　　邮编：100036
开　　本：787 × 1092　1/16　　印张：9.75　　字数：249千字
版　　次：2017年12月第1版
印　　次：2017年12月第1次印刷
定　　价：39.00元

凡所购买电子工业出版社图书有缺损问题，请向购买书店调换。若书店售缺，请与本社发行部联系，联系及邮购电话：（010）88254888，88258888。

质量投诉请发邮件至zlts@phei.com.cn，盗版侵权举报请发邮件到：dbqq@phei.com.cn。

本书咨询联系方式：zhaoys@phei.com.cn。

序

对于艺术是否可以通过教育来进行传授和发扬，一直是教育界、艺术界争论的话题。它触及到艺术教育存在的必要性，以及如何进行艺术教育的问题。这个问题困惑了教育界和艺术界的很多人。

南京理工大学的张铁、杨林、曹田根据他们长期从事艺术教育和设计实践的体会撰写了《环境设计认知与考察》一书。在本书中作者客观地、辩证地回答了这些问题。他们认为：艺术作为人类社会的一种特殊的创造活动，凝聚了作者对自然、对社会的独立思考和领悟，倾注了个人的情感。从这一点来讲，它应当是作者自发产生的一种创造性劳动，而非外界灌输和要求的结果，是“不可教”的。但是千百年来，艺术作为“术”的一种，应有必要的表现方法、形式，同时，人类在演进中不断积累了大量的经验和理论成果，有着面向社会和他人传播的必要性和合理性，所有这些都是可以通过教育的方式来进行传授的，是“可教”的。由此可见，艺术具有“不可教”与“可教”的双重性，这种双重性决定了艺术教育既要尊重学生观察、思考、创作的自由，也要注重艺术的共性规律，在教学中予以适当指点和引导。作为艺术教育体系中的环境艺术设计教育也具有上述双重性。环境艺术设计专业的学生，既需要学习共性的制图方法、软件用法、设计手法等技术性内容，又需要考虑自然与人工的关系，同时也是对环境的功能性、审美性、生态性、可持续性等方面进行独立思考和实践的过程。理想的教学方法，是将这两个过程融合、交织进行，以技术性内容为基础，以独立思考和研究为核心，让学生在持续的专业训练中磨练自己的综合素质与能力。

南京理工大学张铁、杨林、曹田三位教师在环境艺术设计和环境艺术设计教育方面都有长期实践和丰富经验。他们的新著《环境设计认知与考察》，是对环境艺术设计教学方法上的一种思考。作者所在的南京理工大学设计艺术与传媒学院有一门特色课程《民俗调研与写生》，在这门课程中他们带领学生下乡，对江南、皖南地区的民居建筑进行实地考察。他们多年来一直承担该课程的教学任务，总结了丰富的经验，形成了本书的主要内容。本书既不是技术性的传授，也不是一般的画集，而是立足于环境艺术设计教学实践，通过手绘记录的方式，让读者跟随作者的视角，去学习如何观察、认知和研究建筑景观。这种以“引领”代替“灌输”的教学方式，突破了“写生即是教画画”

的陈旧观念，从而将学生的独立观察与个性思考融入写生教学中，提升学生的综合能力，实为一种教学创新。

江南、皖南民居建筑是我国建筑体系中的瑰宝，其外观、结构、装饰等很多方面都颇具特色。如何进行专业性的观察？最需要研究哪些方面？很多初入环境设计专业的读者对此不甚精通。本书的作者归纳出"场景"、"结构"、"风格"、"材质"四种认知要点，为读者找到一条简洁而清晰的观察路径。通过对这四种认知要点的观察，读者可以在较短的时间内拨开繁复的建筑形态，抓住建筑景观的核心，以专业的眼光来审视景物，从而提高环境设计专业学生对景致特征、文化内涵的认知效率。

我相信，《环境设计认知与考察》的出版，将有助于人们提升环境艺术设计教学的认知水平，提升环境艺术设计教学的质量，并为读者认知建筑景观、解读环境设计起到作用。

高祥生

东南大学建筑学院教授、博士生导师

前言

环境设计是改善人类生活环境、提高人类生活质量的重要手段。它不仅是功能的，更是诗意的；不仅是技术的，更是人文的；不仅是物质层面的，更是精神层面的。环境设计是一种综合了功能满足、技术构成、社会关怀、审美体验，甚至是哲学思考等诸多内容在内的多维度的、系统性的创造活动。

环境设计对设计者的综合素质有一定的要求。设计者不仅要通晓艺术和技术，发现和表现自然之美，同时还要透彻地了解政治、宗教、伦理、风俗等各方面的文化内涵，将诸多学科的知识融会贯通，表达出设计对象的人文之美。在西方，古代时期的建筑设计与环境设计通常由知名的建筑家或雕塑家来主持，古希腊雅典卫城的重建是由大雕塑家菲狄亚斯操刀的，圣彼得大教堂、佛罗伦萨大教堂、巴黎圣母院等，出自米开朗基罗、伯鲁乃列斯基、尚·德·谢耶等大师之手。在中国，古代时期的建筑、园林等景观更是凝聚了工匠的集体智慧。虽然我们并不知晓那些工匠的名字，但传统建筑的巧夺天工，古典园林的美轮美奂，离开了那些能工巧匠是不可能实现的。

今天，随着信息和网络时代的到来，计算机软件和网络素材让环境设计工作便捷了许多。设计师不再需要伏案奋笔或者野外作业，只要轻点鼠标，一幅幅虚拟却又真实的设计图景就可以描绘出来。然而，技术的进步却让设计者丢失了许多，尤其是一些必要的基本功，是设计者的“看家本领”，是设计者不可或缺、万万不可丢失的。

在中国古代，环境设计有一种“看家本领”叫做“相”。“相”是一种观察场地、综合分析、合理调度的能力，即所谓的“相地合宜，构园得体”。比如传统园林中的叠石，叠石大师是在反复“相”的过程中完成一座假山的构造的，故而叠石大师又叫“相师”。计成在《园冶》中认为只要“相”的功夫到家，造园就成功了一半，可见“相”是环境设计的基本能力。再说“宜”，“宜”是根据实际情况来运筹帷幄、巧妙安排的，讲究“因地制宜”、“因变制宜”。设计者需要亲临现场，根据场址、地势、气候、风水及材料、工具等实际情况来灵活变通地制定设计方案，这就叫“制宜”。从“相”到“宜”，是环境设计的完整过程，也是环境设计者至关重要的“看家本领”。

眼下的虚拟软件虽然能让场地规划和设计一步到位，设计师审时度势、灵活变通的能力却大打折扣，久而久之，这类设计师只能“依样画葫芦”，何谈“灵感”？又何谈“创新”？“看家本领”的缺失，是这类设计师的终身遗憾。从环境设计专业教学的角度来说，由于课程设置、师资力量、资金条件的诸多限制，学生的实践机会不多，面对实际场地或景观进行观察、认知、写生、策划的机会就更加缺乏。这也是许多学生过度地依赖电脑软件和网络的原因之一。很显然，缺乏“场地感”、“环境感”，缺少从“相”到“宜”的全过程的训练，这样的学生很难获得真正意义上的环境设计的能力。

要使学生获得环境设计的基本能力，重要的途径之一，就是通过观察和认知现实的环境，动手记录和表达身临其境的感悟和灵感。让学生在“相”和“宜”的基本能力上下足功夫，从而培养出有创新性、有实战性的环境设计专业人才。基于这样的思考，我们便萌发了创作和编著本书的初衷。

本书从环境设计的专业视角出发，对江南、皖南地区的民居建筑进行了考察。以手绘的方式，记录民居建筑和山水景观的风貌特征，为环境设计专业学生提供考察的范本和参考的依据。通过本书，读者可以细致地了解江南、皖南民居的建筑构造和景观布局，学习如何进行观察，如何选取景物，如何表达场景的风格、氛围和特色，以及在设计作品中如何营造理想的景观。

本书的认知案例分为四部分，分别是“场景布置”、“局部构造”、“风格营建”和“材质选择”。第一部分“场景布置”研究景观环境的基本构造——场景的布局与配置，选取江南、皖南建筑和园林的四种场景：“洞外有天”、“小中见大”、“曲径通幽”和“湖远连山”，逐一进行探讨。第二部分“局部构造”

则是将视角转向建筑构造的微观，分为“雕梁画栋”、“精勾细琢”、“井然有序”、“别具一格”四节，结合地域民俗、家族制度、文人情趣等人文因素，阐释江南民居的特色。第三部分“风格营建”则融合了文学意境和书画情趣等艺术元素，分“清静闲雅”、“热闹繁华”、“淳朴自然”、“蓬勃洋溢”四种风格进行表述。第四部分“材质选择”则将传统建筑和景观所用到的各种材质（石材、木材、砖瓦等）汇聚一处进行考察，抓住各种材质的特点，从“清秀柔美”、“古朴稚拙”、“天然浑厚”、“精巧有趣”四个角度分别予以讨论。

用这样的方式对“环境设计的认知和考察”进行引导，在思路上是一种创新，在实践上是一种探索。其目的，是让环境设计及相关专业的学习者体会手绘技艺的奥妙所在，更是让环境设计从业人员从中领悟“看家本领”的魅力和张力，从而不断提高环境设计的能力和水平。

记得明代著名书画家唐寅有一首题画诗，其中有一诗句为：“些须做得工夫处，不损胸前一片天。”古人的美术创作如此，当今的环境设计也与此理相通。如若本书编著的“些须工夫”，能够为环境设计赢得“胸前一片天”，那就是本书的三位作者与广大读者的共同心愿了。

作　者

2017年11月

目 录

前 言......................................7

概 述...................................... 13

江南、皖南地区民居概述........................13

环境设计的认知要点..............................15

场景..15

构造..16

风格..17

材质..18

认知与考察案例.............................. 21

场景布置...21

洞外有天..21

小中见大..31

曲径通幽..38

湖远连山..44

局部构造 50
雕梁画栋..50
精勾细琢..59
井然有序..67
别具一格..75
风格营建 80
清静闲雅..80
热闹繁华..88
淳朴自然..93
蓬勃洋溢..110
材质选择 115
清秀柔美..115
古朴稚拙..127
天然浑厚..139
精巧有趣..149

概　述

江南、皖南地区民居概述

自古以来，江南和皖南地区一直是繁华富庶之地。富饶的物产、宜人的气候和便利的交通，催生了发达的商业贸易，也提升了两个地区的政治和文化地位。经过隋唐两代的酝酿，到了明清时期，江南和皖南地区的政治、经济、文化水平已经达到了空前的高度。社会的迅速发展，催生了形制规整、结构精巧、风格清丽、细节丰富的民居建筑。这些民居建筑有很多遗存至今，构成了江南民居、皖南民居的一道靓丽风景线。

江南民居和皖南民居，在建筑布局、色彩搭配、建筑结构等方面都很有特色。

江南民居的建筑布局有“三间两厢”的说法。清代《扬州画舫录》记载：“正寝曰堂，堂奥为室，古称一房二内，即今住房两房一堂屋是也。今之堂屋，古谓之房；今之房，古谓之内”。“三间两厢”的意思是，一户人家通常由三间正房加两间厢房组成。正房（即堂屋，相当于今天的客厅）两侧各有一间边房，形成三间联排的格局；边房两翼添加庑廊，民间称“厢房”，正房三间加上两翼的“厢房”，总称为“三间两厢”。正房的对面，有的人家砌有门面对应的房屋，称为“倒座”，俗称“对合”；如果没有房屋，则通常是一堵高墙，与正房三间及两侧厢房围合成一个天井。从空中鸟瞰，整个院落的布局四四方方，严谨规整，如同一颗方印。所以，又被戏谑地叫做“一颗印”。

无论是江南民居还是皖南民居，“粉墙黛瓦”的色彩搭配都是十分典型的特征。用雪白的墙壁配以黑灰色的砖瓦来装饰建筑，黑白相间的色彩赋予了江南民居以清新淡雅的味道。两地民居为何仅以黑白色作为色彩搭配？梁思成认为，这是南北方地理气候的差异造成的。北方的冬天万物凋零，缺乏显眼的色彩，建筑以红墙彩绘作为装饰，能够弥补视觉单调的不足。而南方草木鲜艳茂盛，彩色装饰就显得多余了。对建筑施以清淡的黑色与白色，能让建筑在姹紫嫣红中彰显清新淡雅的魅力。

苏、皖地区的民居建筑在远处就很容易辨认出来，这是因为马头墙的造型勾勒了建筑的外轮廓。马头墙又称“风火墙”、“防火墙”，是指建筑两边高于山墙屋面的墙垣。马头墙的构造十分醒目，呈阶梯状，随着建筑屋面的坡度层层叠落。根据屋顶斜坡的长度，马头墙定为若干档，墙顶挑三线，排檐砖，上覆以小青瓦，并在每只垛头的顶端安装搏风板（金花板）。搏风板上安装了各种苏样“座头”（“马头”），有“鹊尾式”、“印斗式”、“坐吻式”等数种。马头墙不仅是一种具有装饰美感的建筑构造，更有着实用的功能——防火。南方民居建筑多为砖木结构，容易着火。在群聚的民居中，着火的建筑蔓延至别家，会造成连带的损失。马头墙高高耸立，能够挡住火势、隔绝烟火，故又称为“防火墙”。

江南民居和皖南民居在外观、结构、工艺、历史等方面的特点还有很多，这里限于篇幅不展开叙述。在中国传统民居的大家族中，江南民居和皖南民居都占有重要的地位，为我们后人观察、研究、欣赏传统民居的文化精髓提供了宝贵的案例。

环境设计的认知要点

场景

场景不同于一般的场地。“场地”是一个空间概念，指容纳事物的场所。“场景”的内涵比“场地”丰富，除了容纳事物，还超越事物本身，产生人为构建的某种情境，即“景观”（可观之景）。场景是物质层面的场地与非物质层面的情境的有机结合。我们论及“场景”，意味着其中体现出了设计师的巧妙构思与精心谋划。

环境设计从本质上说，是构建场景的设计。构建场景，不仅要满足基本的功能需求，还要营造出适宜的情境。如何营造功能合理、形式新颖，且能让人感受到设计师的“匠心”的情境，是环境设计师需要思考的问题。

环境设计专业的初学者，对“场景”、“情境”等概念的理解缺乏深度，在设计实践中难以构建出适宜的场景。对此，有效的训练方法是亲临现场，对富有情境的场景进行实地的认知和考察。通过现代技术（如数码相机）记录现场的方法十分高效，但也让学生缺失了亲身体验情境的机会和能力。传统的手绘方式，虽然在记录效率上稍逊一筹，但通过一笔一画的勾勒，学生对情境的印象加深了，也易于静心体验情境中所蕴含的韵味与情感。

在现场进行记录时，不能只是简单地“依葫芦画瓢”，而是要尽力将场景的特色描绘出来。通过手绘的各种表现手法（如形体夸张、疏密对比等），对场景的尺度、比例、空间关系等内容进行详细描画，通过绘画的表现力与感染力，将学生对情境的理解展现出来，这才是最有效、最富艺术性的记录。

构造

任何一种合理的建筑形式都是由支撑它的结构来决定的。中国传统古建筑大多采用木梁为骨、砖石为皮的构造方法。纵向的柱与横向的梁通过榫卯构件进行连接，构筑成了建筑的基本骨架，这一基本骨架决定了建筑外观的大体面貌。建筑的主要重量由梁柱结构来支撑，砖石多是用来垒砌不承重或承重较轻的墙体。因此，设计者可以较为自由地布置建筑的各个立面，让建筑演化出亭、台、楼、阁、轩、榭等多样的外观形式。环境设计专业的初学者在观察、记录和理解传统建筑时，往往被复杂的外观形式所迷惑，不知如何下手。其实，万变不离其宗，只要研究了砖木结构的基本构造原理，也就能够清晰地理解各种外观形式了。

掌握建筑与景观的结构原理与构造方法，对环境设计来说至关重要。随着软件技术的发展，电脑软件能够详细而精准地模拟出建筑的结构与构造，这是一大进步。但是，虚拟与现实之间是有差距的。在砌房造屋的现场，会出现各种复杂的情况（如材料达不到标准，恶劣天气影响等），设计者只有拥有现场应变的能力，才能对症下药，解决困难，这是电脑软件替代不了的。计成在《园冶》中所说的“相”，也正是指这种现场应变的能力。对于环境设计专业的初学者而言，即便不具备现场应变的机会与条件，亲临现场进行观察和记录，也是必要的。

用手绘的方式记录建筑的结构，常用的方法是白描。民居建筑的构造复杂，结构暗藏于表皮之下，很难用传统的明暗素描方式来绘制，白描方法可以去繁就简，勾勒出结构的轮廓，让观众对建筑结构一目了然。当然，读者也可以根据实际的描绘对象来选择最佳的描绘方法。只要是能够表达记录意图的方法，都可以在手绘中予以尝试和应用。

风格

“设计风格”，是设计作品在整体上呈现出的具有代表性的面貌。具体来说，设计师根据自己的设计理解和设计习惯，对设计元素进行处理，产生某些较为一致的倾向，这些倾向综合起来，就是“设计风格”。比如“极简主义”风格，通常会简化场景布置，场景氛围中洋溢着理性的、冷漠的气息；再如，“新中式”风格大量采用传统文化元素来进行设计，在传统文化元素的基础上改变形态、用途或搭配，使之产生令人耳目一新的效果。风格倾向具有一定的固定性，人们会在风格名称与风格特征之间形成固定的联系，即一提到某种风格，就会联想起相应的风格特征，反之亦然（如“极简主义”风格与理性、冷漠的特征相联系）。

在环境设计中，风格的营建需要高度综合的设计能力。设计师只有对风格的内涵有了深入理解之后，才能融会贯通地运用各种设计手法，组织各种设计元素，营建出相应的风格特征。如何深入地理解风格的内涵？首先需要对风格的特征进行细致观察，了解风格特征的形式特点、历史成因、文化含义等相关内容。只有通过直观观察，才能对风格产生切身的感受。

环境设计专业的学生多是从专业书本上学习到各种设计风格的。专业书本只能对风格进行描述，让学生了解各种风格的相关知识，对风格的体悟，则要依靠现场观察和记录来完成。通过手绘的方式来对风格进行观察和记录，其要求与前文所述一致，即尽力描绘民居建筑的特征，以绘画的表现力来体现设计的风格特点。

材质

材质是设计的基础，任何设计都离不开对材质的选用、组合和重塑工作，传统古建筑也不例外。

材质与结构有着密不可分的联系。“砖木结构”建筑是传统古建筑的代表。木料轻盈而坚固耐用，砖石厚重而隔热保温，古人利用二者的特性，充满智慧地将二者结合起来，创造出以梁柱搭建为骨架，砖石垒砌为表皮的结构，形成了传统建筑的标准结构形制。离开了木料和砖石两种材质，传统古建筑的梁柱框架结构是难以实现的。

材质与风格也有着千丝万缕的关联。江南民居和皖南民居以清新淡雅的风格著称，这与两地民居都采用砖木材质有很大的关系。我们所熟知的古希腊神庙，以巨石为主要材质，就难以产生清新淡雅的风格特征。

在实际的设计活动中，由于材质不像场景、结构、风格那样引人注目，对材质本身的研究往往是弱项。环境设计专业的学生对各种材质的认知也较为浅显，对材料的特性认识不足，致使在设计实践中选材单一，或者用材不当。要解决这一问题，首先要让学生走进建筑景观的现场，对各种材质获得感性的体验和认知，知晓各种材料的一般用法与注意事项。通过对材料的体验与认知，学生才能有效地把握材质的特性，在今后的设计实践中予以应用。

用手绘的方法来记录材质，要绘制出“材质感”，即能够让观众感受出材质的特性。比如，木质材料比较细腻，要通过木纹的绘制来表现；石质材料较为粗糙，可以用笔触画出崩坏的缺口来表现沧桑感；流水则可以通过倒影及岸边的水草、河滩等景物来间接地描绘……准确地表现出景物的材质，既是对学生表现能力的训练，也是让学生深入理解材质特性的过程。

认知与考察案例

场景布置

案例一

门洞引景

洞外有天

在传统的江南建筑中，设计者常用框景的手法来布置空间，体现场景的转折关系。用石“洞”来框景，“洞”代表暗，洞外的景物代表“明”，用“洞口”的明暗对比来烘托洞天意境。用石“洞”或似“洞”的石梁等天然洞门，比喻过了此洞便“别有一番风景”。

画中这座门洞，可以起到“引景”的作用。人们想要看到另一面的景色，需要沿墙找到大门而入。这时候便给人一种以小见大、豁然开朗的感受。如果没有门洞的遮掩，失去了这种空间的转折关系，场景就缺乏层次感。在场景的转换设计中，空间的前后关系，明暗、虚实等空间的转折变化十分重要，运用得当，能够产生令人愉悦的秩序感与层次感。

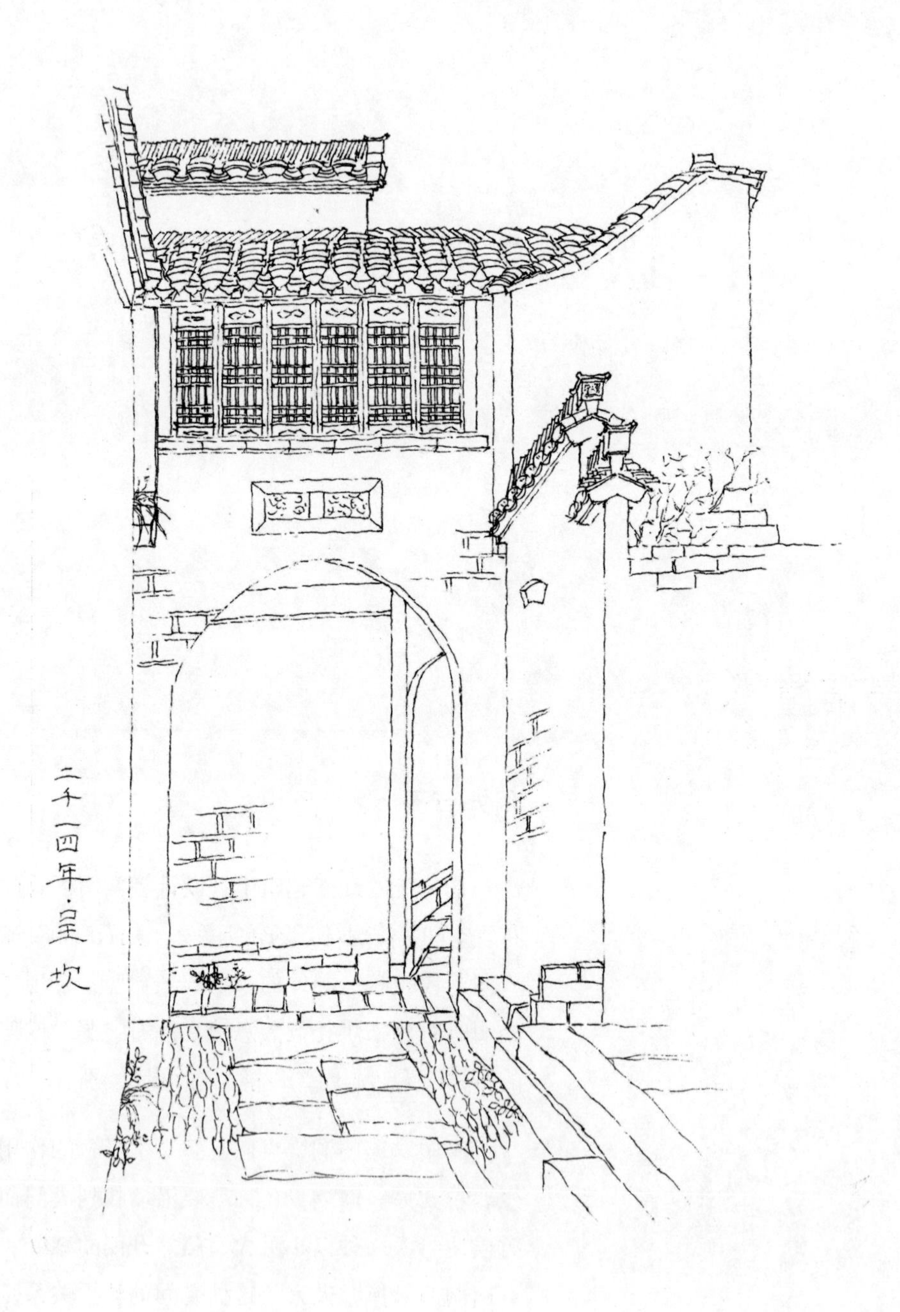
二千一四年·呈坎

案例二

楼和廊的搭配

在徽派建筑中，楼和廊是重要的组成部分，除了空间之间的相连接外，这种组合形式更能营造出高低错落、由疏到密的空间转折关系。

从长廊的一端走入建筑内部，会由相对开阔的视野转为相对密闭的视野，空间的转换关系使人心里发生变化，从而能更好地欣赏景致。这是个由疏到密渐变的过程，疏密关系的变化能更好地体现画面的空间秩序感，从而营造出趣味性的空间。

案例三

空间的转换

在传统建筑园林中，别有洞天意味着“转”的空间效果，“一景即毕，另景又起”来体现空间的意境。

在一个比较狭隘的空间范围内一直前行，走到尽头突然开阔，会给人一种风景优美，留连忘返的感受，狭窄的道路和紧密的建筑群起到了遮挡的作用，而豁然开朗后远处的水和草木起到了吸引人的效果，使整体景致更加生动，引人入胜。

案例四

虚实相间

马头墙是徽派建筑的特色，长短有度，高低错落，黑白相辉的马头墙与山水青天、黑白村落融为一体，视觉上的突出、醒目为徽派建筑营造了厚重、朴素的氛围。为了营造出更好的画面效果，实景一般由古建筑形态体现，虚景则由周围的环境塑造，建筑空间多采用虚实的表现手法。比如，传统的水墨画中虚与实相对应，空白为虚，山水为实，就是很好的例证。

在观察和记录时需要注意的是，要适当弱化周围的环境，强调建筑主体，注意空间的疏密、明暗、虚实对比，形成富有诗情画意的空间效果。中国传统园林建筑在空间构成上同样要求淡化单体、强调群体，即建筑、花木、山石都不是主体，只有它们在意境营造中有机融合为一体，才能真正成为情景交融中的景。

案例五

场景空间的对比

在徽派建筑中，楼阁建筑体量高大，往往要借助于雄伟的基座和显要的山势，使其画面更加突出，丰富建筑群的立体轮廓，借助中国传统审美情趣产生诗文画境，手法不同，形式不同，就会营造出不同的空间形态。

在建筑的南侧为大山，北侧为开满荷花的小池，这种山水和建筑巧妙结合的景致别有趣味，引人入胜，营造出富有诗情画意的意境，形成空间的疏密、虚实、明暗的变化对比，疏通内外空间，丰富了空间内容和意境，增强了情趣。

空间大小、远近离合、主从虚实、整体局部等视觉效果的规律把握，都至关重要，要从画面视觉效果感受上引起审美的愉悦。

案例六

犹抱琵琶半遮面

彭一刚曾指出，在传统园林空间中存在“内向”与“外向”两种不同倾向，东方民族长期禁锢在封建宗族的法统之中，逐渐陶冶成一种以内向为主要特征的民族性格，这种性格渗透于园林、寺庙等传统建筑的场景布局之中。俗话说“犹抱琵琶半遮面”是中国传统审美中的一种典型的意象，园林建筑的“犹抱琵琶半遮面”是指主体建筑掩映在浓密的树林之中，只露出一角或一部分，观者必须走进场景之中，才能恍然大悟。

案例七

寺门隐山林

在宗教场所中，“内向”的掩映手法用得很多。为了隔离尘世的喧嚣，很多寺庙将山门隐藏在山坳中或者密林中，突显出几分神秘和静谧。图中的这座牌坊，是山中寺庙山门入口处的一座标志性建筑物。牌坊很高，让人产生敬畏。但周围的参天大树又将它遮盖住，从山下难以一窥全貌，走近山门前的小广场，我们才能感受到牌坊的威严。

这处景观深藏于祠堂的东南角，面积不大，由一座小拱门引入。同样，“内向”的场景布局倾向再次体现出来。在如此袖珍的场景中，设计者仍然置入了一座假山。穿过假山，观者豁然开朗，发现园中的紫藤和草圃。在高墙的限制下，观者的视线聚焦在园内生机盎然的花木中，别有洞天的感受油然而生。

案例八

门洞框景

框景是永不过时的造景手法，类似于画作的边框，美好的景致以完美的构图集中呈现于观者的视域。远景门洞与近景门洞遥相呼应，墙体的限定，将悠长的皖南小径划分了区域，也分割了环境的物理空间。以一种快速记录的方式，概括地描绘拱门的轮廓边缘，刻意强化框景的视觉体验。宜人的空间尺度和场地领域感，高低错落的马头墙和而不同，形式丰富多样又不失层次关系。门洞内外，疏密有致。

案例九

小桥

“三山万户巷盘曲，百桥千街水纵横”描述了江南水乡多桥的环境特征，住宅依河而建，交通水运为主。半圆石拱桥紧邻民居，层层叠叠的石板从桥面顺延至沿河的街道，空间上狭窄的退让关系，凸显人与环境、社会和谐相依的共生关系，同时展现出“廊棚苍老，弄堂幽深”的宁静画卷。

小中见大

案例一

匠心独运

小中见大是中国古典建筑园林造景通常运用的手法，往往通过在同一平面上的大小对比来互相衬托，以实现小中见大。

在空间的前后关系上进行多次元的空间划分，进而创造出急剧变化的空间类型，使原本小的空间显得丰富，以体现小中见大，达到延伸扩展空间的效果，创造出“咫尺山林”的艺术效果。

在记录时需要注意，空间的前后关系上要有繁有简，注意虚实变化，适度地刻画空间，从而营造空间的层次感。

小中见大，是中国园林乃至日本园林中常见的审美意象。通过对小尺度景物的精细处理，能够让人感受到气象万千，感受到自然与人工的伟大力量。这是一种创造对比和矛盾的设计手法。

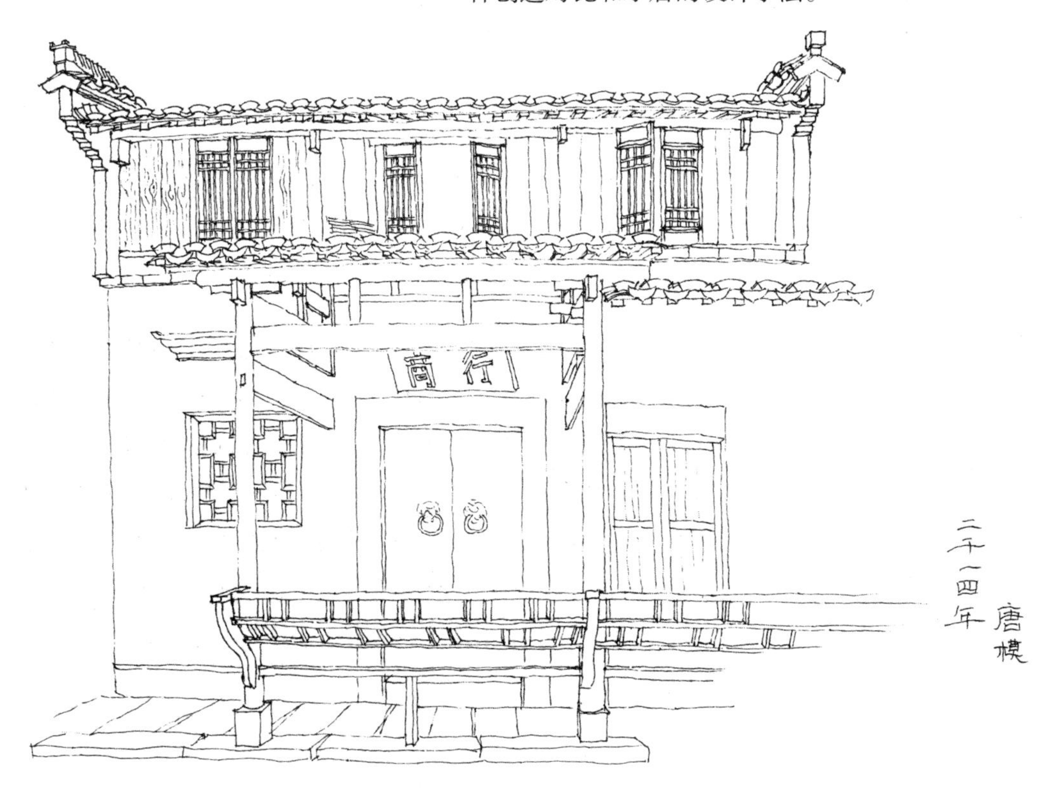

案例二

庭院围景

一座袖珍型的私家园林，“麻雀虽小五脏俱全”，其中有假山，有水池，有船舫，有水榭，有小桥……也能围合出各种山水景致。园林面积虽小，但在小空间中营造出大气象，是古代造园设计师的长项之一。

小空间中容纳诸多景物，需要设计师对这些景物进行有秩序布置，否则景物会相互冲突，产出杂乱感，大大降低景观的审美性。通常来说，假山和水池相依，轩榭和亭廊相伴，树木和草丛穿插在假山、水池、亭廊之间，在景物排布时讲究移步易景，以不同的观景点串联起景物，各个观景点相互隔开，这样的秩序安排，能够在小空间中营造出丰富多样的视觉体验。

案例三

安静的庭院

这幅手绘记录的是扬州鉴真纪念堂的庭院。这个庭院由中国建筑泰斗梁思成先生亲自操刀。在唐代，鉴真大和尚东渡弘法，受到日本人民的尊敬。梁先生的这个庭院设计也颇具日本特色，庭院设计得十分简洁，只有树木数棵，白沙少许，石灯笼一个，有日式庭院枯山水的意境。主体建筑是仿唐的享堂，整体显得敦厚粗壮。在不大的面积范围内，享堂与石灯笼形成了一对呼应，一大一小，一敦厚一清秀，静观之，很有佛法的意味蕴含在内。这幅手绘试图描绘出这种对比的关系——于细微处见得大智慧。

案例四

梅花岭上

扬州史公祠后有一座梅花岭，设计师在一座占地不到半亩的小土丘上，种植了满山的腊梅，设计了一座假山，建造了一座二层的小楼。山路蜿蜒，下临深渊，虽是小坡却有高山险境的感觉。

在记录场景时，需要将场景的“小”与“大”进行对比，强调矛盾与反差，才能更好地表达“小中见大”的意境。

案例五

人群

斑驳的机理，岁月的痕迹，远山轮廓，层叠民居，月沼倒影，这一切美好景致的组合，都与人产生多维度的环境关系。

老人聊天，妇女洗帕，顽童嬉戏。人的需求、体验、情感因环境空间的积极营造在这里交织。来自喧闹城市的观者人群，无法体会这里原生居民的岁月静好，而商业的进程又是否打扰了本该宁静的山村。

以大刀阔斧的粗细线条相互交织的方式，呈现了粉墙黛瓦的整体关系，在小空间中营造出大气象。

案例六

西递景象

环境的气氛来源于环境自身结构、特征、特点给人的外在印象，因天气、季节、情感、情绪等因素综合的渲染所表现。西递的秋色质朴近人，走出狭窄蜿蜒的街巷，远眺“秋水共长天一色”，感叹古人与自然环境的关系之和谐。正如赖特推崇老子“道法自然”的哲学思想，在建筑设计上摒弃人类中心主义观点，尊重生态规律，尊重自然，追求人与自然的和谐。

西递村口空间不大，但景色丰富多彩。用点、线、面的概括手法，抽象地表达了西递秋色浓浓的环境特征。池中干枯的荷叶倒影，以独特的线条镜像关系，成为表现水的极佳素材。远景的密不透风，与近景的错落松散，相互映衬。

案例七

宏村村口

《园冶》中植物造景的“因地制宜”、“师法自然”的理念和实施手法，均体现出科学精神和人文艺术精神的有机结合。此场景中植物的配置与建筑的营建，景致的处理，多与少，疏与密，繁与简，人工与自然，渗透穿插，相得益彰。

小场景的不足之处在于空间逼仄，但也有大场景所不具备的优势，那就是景物更加精致耐看，容易让人驻足细观。在小场景中，可以利用江南丰富多样的植物形态，构建起琳琅满目的视觉美感。徽州村落的宏村村口，池塘中遍植荷花，小桥、长堤贯穿其中，这样满目生机的场景本身就引起人们的欣喜和愉悦。

案例一

观音山门

曲径通幽

曲径通幽，是中国传统园林场景布置中的一个重要手法。这种手法在各个场景之间架起联系的桥梁，“各景”的空间划分按照曲折的变化来排列，逐一展开，分层展示，就有了起承转合的章法序列[1]。曲径通幽能够让人产生好奇的感觉，吸引观者一步步地走进设计师设置的场景中。

扬州观音山的山门，是曲径通幽的代表景观之一。扬州观音山位于城北蜀岗之上，由一条石阶道路盘山而上。山下，就设立了山门。透过山门的门洞，我们可以看到较大坡度的道路。记录时，特意选取了正对山门的视角，将山门之中的道路勾勒出来。

1 孟兆祯，《园衍》，中国建筑工业出版社，2012 年，57 页。

案例二

园门引景

除了自然山体造成曲径通幽之趣外，人工造景也可以产生幽深的感受。扬州何园的东门，外墙紧闭，通过圆形的洞门将园内景色透露出来，一条小路蜿蜒而入，让人禁不住走进园内一看究竟。这幅写生记录了冬日白雪下的何园东门。下雪时，容易让人产生万籁俱寂的感受，寂静增强了门洞内的深邃感。

案例三

梅岭春深

梅岭春深是扬州瘦西湖的一处景观。有意思的是，站在山下能够看到拱门和山上的亭子。这种布局让人产生了山中有路的联想，看似隐藏，实为显露。

案例四

小岛藏景

想象，是让人有曲径通幽之感的重要途径。设计师在这个场景中是想让观众发现河岸对面的建筑。但站在作者的角度，是看不到通往河岸的道路的。通过树木的刻画以及隐约的小桥的描写，观众可以自己展开想象。这是一种意趣。

案例五

深远的街巷

场景之美，美在环境的关系。关系是环境设计师需要持续关注的核心问题，强调事物之间的相互联系，以全局观把握设计要素的协调与组织。通过街巷的纵深来引出远处的景色，这是设计师常用的“引景”的设计手法。曲径通幽，往往能引起观众的好奇心，来步入景色一探究竟。

案例六

石板桥

空间是环境设计的主角，空间的组织会影响到人的行为。“在空间的组织中，需要采取措施对人的活动加以引导和暗示，从而使人们可以循着一定的途径达到预期的目标。”比如，这幅画面中横跨河面的石板桥，紧贴桥面的民居，交通往来的河道，给人以多样的体验空间；人也作为环境机体的组成部分，交谈、休憩、通过、停留等复杂行为在这里有序开展，私密空间与公共空间、交通空间共存共生。

案例一

春波桥

湖远连山

江南园林以湖山胜，湖面与山川搭配，总是让人心旷神怡。杭州西湖的景观塑造，就是抓住了西湖与周边山体的和谐关系，造就了世界闻名的诸多景点。

在景观设计中，如何搭配湖与山的关系，是值得思考的问题。

扬州瘦西湖的春波桥，桥面比较高，作者从桥下观察，透过桥洞展现出宽阔的湖面。这种描绘方法就将桥体与湖面的关系融洽地表达了出来。

案例二

冬天的瘦西湖

在考虑山川与水体的关系时，通常在山体与湖面之间形成相互掩映的效果。远处高耸的山与近处灵动的水湾，形成鲜明的对比，这是湖光山色意象最为感人之处。

案例三

湖上游船

除了山体、湖面，还可以通过湖上的交通工具来表现。以游船作为主要景物，游船悠闲地靠在岸边，映衬出远处的建筑、树木和山丘。游船是湖面的精灵，活跃了湖面的气氛，也增加了人的气息。通常来说，古典园林中的游船，传统的画舫，或者是富有野趣的小篷船、现代游艇、脚踏船等，都会破坏整体的场景气氛。

案例四

塔景远眺一

杭州西湖的湖山，除了远处的山体与湖面相呼应外，还有山上的建筑——古塔。古塔起到点缀山体、增加景深、提供纵向元素、提供远处框景或借景等作用，效果尤佳。在古典园林设计中常有借用远处古塔的做法，比如苏州拙政园借用北寺塔、苏州沧浪亭看山楼借用上方山的岚光塔影、北京颐和园借用玉泉山的玉泉塔等。同样，扬州瘦西湖的设计也借用了观音山栖灵塔作为远景。塔影倒映在湖中，远处静态的塔与湖水中荡漾的倒影形成对比，盎然成趣。

塔景远眺二

案例五

河边住宅

徽派建筑的气质与形象在光线的作用下，会呈现多样的环境气氛。路易斯·康认为：“存在的给予者——光线，是材料的造物主。材料被用来投射阴影，而且阴影是光线的一部分。”人们依靠不同感官从外界获取信息，80% 来自光。光环境的设计至关重要，通过理解光与体块层次，我们可以利用光解决照明、辅助造型、烘托气氛等。

局部构造

雕梁画栋

案例一

几何纹样

古建筑常用回形纹来装饰空间，规律性强，且富于节奏韵律，大面积整齐划一的装饰使视觉冲击更加强烈。回形纹的图案呈圆弧形卷曲或方折的回旋线条，由连续的“回”字形线条构成。有的作圆形的连续构图，单独称为“云纹”；有的作方形的连续构图，单独称为“雷纹”，回形纹是两者的统称。

古建筑回形纹饰，错综复杂，沿用各种直线、方形、梯形组成，使得建筑更加丰富、完整。体现古人通过自己的抽象思维对自然界存在的客观事物及图形进行有意识的重新排列、组合、变形而形成具有高度概括性、简洁性的纹饰，这也是现代设计思维的重要方法之一。回形纹多作烘托主题纹饰的底纹，表达了源远流长、生生不息、九九归一、止于至善的中华民族优秀文化精髓。

案例二

交错的横梁

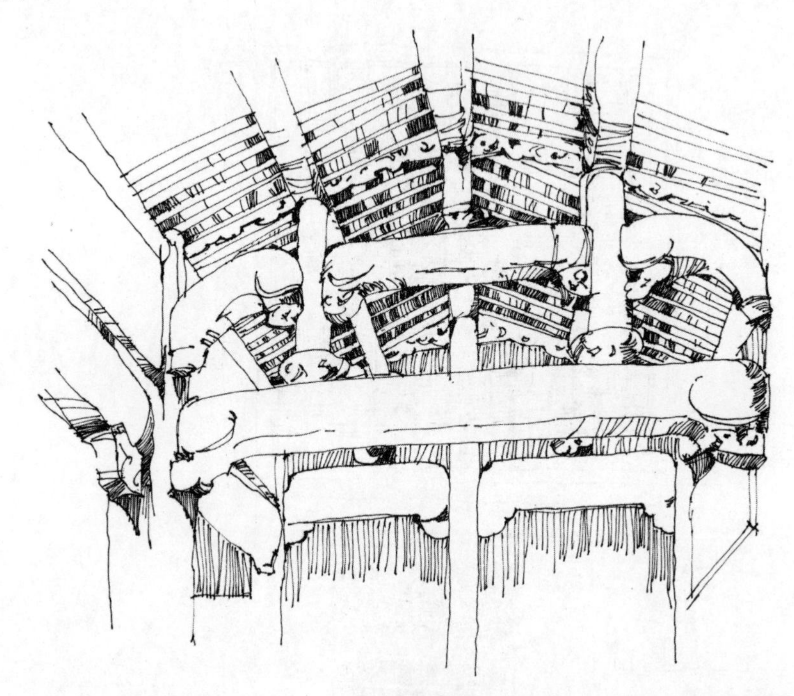

中国传统建筑的室内布局大都采用轴线对称的形式，这种构图形制使其空间形态充满了秩序感，从而很好地满足了中国传统对“礼制”的要求。

在传统建筑中，梁上重叠着数层瓜柱和梁，自下而上，逐层缩短，逐层加高，纵使结构复杂，却不失结构、秩序之美。所以从传统室内设计中可以得出不可一味追求复杂、烦琐的装饰效果，亦要注重建筑逻辑的重要性。

如果说徽州山水的形式美乃属于自然美的话，那么，徽派建筑的形式美就属于艺术美了。自然的形式美与建筑艺术的形式美都讲究整齐一律、平衡对称、符合规律、和谐，但由于性质、范畴、形态上的不同而存在着种种区别。其最根本的区别就在于自然的形式美是无目的的，建筑艺术的形式美是有目的的。换言之，自然的形态美含有规律而不含目的，建筑艺术的形式美则既含目的又含规律。

案例三

树叶形的洞门

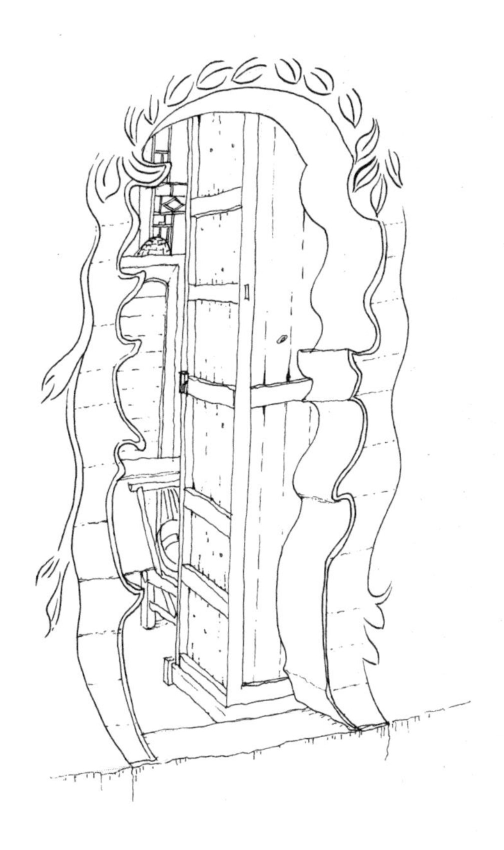

传统民居中，形式比较自由，不受“法式”、“则例”等条条框框的约束，呈现出自然得体，灵活多样的建筑风格。

徽州建筑的门作为整个民居的重点，其位置与造型、装饰都是非常重要的。从笔者记录下的门框形状来看，与大多传统造型有很大区别，其富于变化，讲究韵律，能看出是从大自然中汲取了设计灵感，并将其赋予建筑设计之中，体现了人与自然和谐共生的设计思想。

门框边饰有花卉、蝙蝠等吉祥图案，有锦上添花之美感。门楼虽小却十分华丽，门小院大房屋多，含有显贵不露富之意。

案例四

小楼冰裂格门窗

传统中式风格考虑的是一种内在、隐含的气质，可以说地道的中式风格是从空间形制开始的，建筑的围合是一种艺术，在不同的空间中，给人的心理感觉也不同。徽州窗户以透空的花格纹作窗心而不用窗扇，双面镂空雕刻，以几何、动植物纹饰居多，常见的几

何纹这类抽象纹样有回纹、格子纹、直线纹等，其他还有一些寓意图案如喜鹊登梅和文字图案等。

门窗主要有隔扇、槛窗、落地明、花窗和天头等。从欣赏视线方面看，一般离人较近位置的装饰最精美，远端的装饰则相对简单。如隔扇的绦环板有上中下三块，其中中间一块离人们的视线最近，在雕刻上十分讲究，上下两块则相对比较简洁。天头又叫“窗披”，位于房门和窗户的上端，起到通风透气的作用，因与人们的视线有一定的距离，所以在雕刻上较为粗犷，图案以花卉、拐子纹为多。

在多个空间组合中，空间分隔常常“隔而不断”，多用虚拟分隔，以获得似分非分、似断非断、隔而不断的效果。比如，从笔者角度看，以冰裂纹为图案的门窗将空间分隔，使得居所错落有致，既在空间功能上进行区分，又使得布局趋于合理。所以，空间的融合与分离并非互相排斥，若处理得当，便可得到“浑然一体，融洽无间”的空间效果。

案例五

庄雅的门楼

徽派建筑的大门作为“徽州古建三绝”之一，集采光、保温、分隔、象征等功能于一体，仍具有整体的外观效果。门楼是一户人家贫富的象征，故名门和富豪的家宅门楼建筑特别考究。“门第等次”、“门当户对”中的“门”即为门楼。

在徽派建筑中，灰白色的马头墙，墙体上只有几处小小的方孔窗，除此之外，别无其他装饰，因此整个建筑显得单一。而门楼上通常都饰有精美的砖雕、石雕，或者木雕。装饰的部位一般是住宅大门上的门罩以及官第门前的门楼和八字墙等。精美的雕刻、吉祥的寓意、合理的布局，使冷淡的墙面顿时丰富起来。

这一门楼高墙封闭，马头翘角，墙面和马头高低进退，错落有致；以砖、石、土砌为护墙，青砖绿瓦为门罩，把众多设计要素融于一体，形成质朴浑厚的视觉效果。现代设计亦需继承此种质朴实在、整体如一的设计思想，切忌功能复杂、华而不实。

案例六

雕花雀替

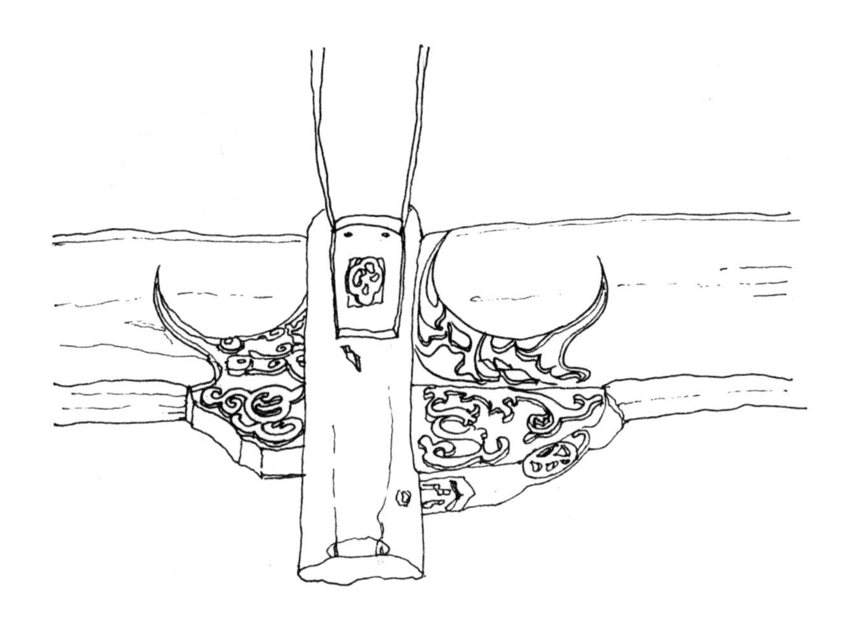

明代之后雀替广泛使用，并且在构图上不断发展。到了清代之后。便十分成熟地发展成为一种风格独特的构件，大大地丰富了中国古典建筑的形式。

雀替，又称为插角或托木，安置在梁与柱交点的角落，具有稳定和装饰的功能。雀替从力学上的构件，逐渐发展成美学的构件，就像一对翅膀在柱的上部向两边伸出，一种生动的形式随着柱间框格而改变，轮廓由直线转变为柔和的曲线，由方形变成有趣而更为丰富、更自由的多边形。于是雀替有龙、凤、仙鹤、花鸟、花篮、金蟾等各种形式，雕法则有圆雕、浮雕、透雕。

雀替、窗棂和挂落是最能体现长江中下游地区汉族建筑风格的建筑构件，此处雀替的风格浑圆敦厚，颇有古风，似乎保存有南迁士族对北方质朴的回忆，然而从繁复的情形看来，又是典型的南方纯熟的汉文化风格。

案例七

牌楼

中式传统建筑的构架体系以木构为主。柱、梁、坊、檀、椽等木构建筑的主要部件，通过卯榫连接。这里的画面组织，以独特的缠绕线方式，希望表达出造物的整体认识论。“造物设计活动不是单方面的材料处理和工艺成型，也不仅要考虑使用者与物体的关系，而是综合多方因素共同作用的结果，形成整体的设计认识结构模式。”

西递的牌坊与绣楼是村口与村中的两个经典场景，在描绘这两处场景的时候，脑海中泛起无数场景和画面，一段段美好往事随风飘散。此处刻意避开细节的刻画与描摹，而沉浸在场景、建筑、环境传递给人的精神享受中，惊叹古人技艺之精湛。

精勾细琢

案例一

卷草纹饰边梅花石刻方形柱础

徽州三雕，是古代经济繁荣、徽商发展成功的产物。聚集了大量财富的徽商将徽州三雕作为体现身份与财富的象征，而徽商“贾而好儒”，他们多数饱读诗书，颇具文人气息，因此其建筑中以雕刻为载体无处不透漏着浓浓书卷气息。

以石雕为例，石雕在古徽州建筑中的应用极为广泛，小到墙面的通气孔和地面地漏，大到牌坊，无不体现了徽州石雕的精致巧妙。在徽派建筑中，最为通用而又巧妙地集功能与装饰于一体的石雕，当属石刻柱础。

例如该石刻柱础，整体造型为方形，从与柱子的衔接处可见，为建筑外墙面突出裸露部分，整体纹饰保留较为完整。雕刻纹路主要体现在前面与顶部的装饰。柱础前面为上下两个部分，下半部分采用中轴对称的莲花纹饰，造型优美简单，线条流畅大气，刀法分明；上半部分，主要雕刻区域为三角形似包袱角造型区，该区域雕以卷草纹饰边，线条温婉，富有韵律，雕刻工艺精良；主体部分几枝梅花疏密有致，生动可爱，于细微之处体现精致之美。此外，莲花与梅花寓意高雅俊逸，体现了房屋主人的美好品质。整体造型气韵凝练，给人厚重着地的感觉。

案例二

松石漏窗

如果说徽派建筑木雕在门窗隔板应用较多，那在徽州园林里，石雕漏窗的应用当属先列。这其中具有代表性的是黄山西递的西园中一对有名的“岁寒三友”石雕漏窗。该组合漏窗分两副，左雕松石，右镌竹梅。

以松石漏窗为例，采用镂雕为主要手法。两株奇松破石而出，精致巧妙，斜立于嶙峋怪石之上，傲然挺立，十分刚劲有力。几组怪石，层层堆叠，尽显陡峭之势。在奇松怪石之间生长着几株低矮植被，于苍劲之中又显几分灵动有趣。整幅作品显示出手工艺者高超的技艺，游走于深浅浮雕与镂雕之间，充分体现了奇松怪石之间的远近空间感。其构图饱满，刻工精湛，是清代徽州乡土工艺的珍贵遗物。

案例三

卷草纹撑拱

徽州木雕，根植于特定的土壤之中，拥有特定的历史及文化渊源。徽州木雕因住宅建筑规模受等级的限制而成为徽商斗富的主要表现方式，主要在雕刻的精致、典雅、细致和寓意上进行比对。徽州民居多为穿斗式梁架与抬梁式梁架混合使用的形制，柱子为主要承重结构，多为素颜，因此挂落、月梁、梁托、撑拱、雀替等成了施展木雕的主要构件。据《明史·舆服志四》记载，徽州民居多不髹彩漆，反而成就了清新淡雅的风格。

徽州普通民居通常对撑拱构件不做雕刻；为官者雕刻倒挂狮子以象征权威；经商者采用四季花草图案以做装饰。该撑拱木雕构件，整体上呈二方连续纹样以波状结构的形式连续出现，细观其纹路为翻卷状，侧面有三个叶子样式的纹样，为卷草纹。该构件雕刻古朴，清新淡雅，线条流畅，整体造型体现柔和之美。

案例四

木雕罗汉榻

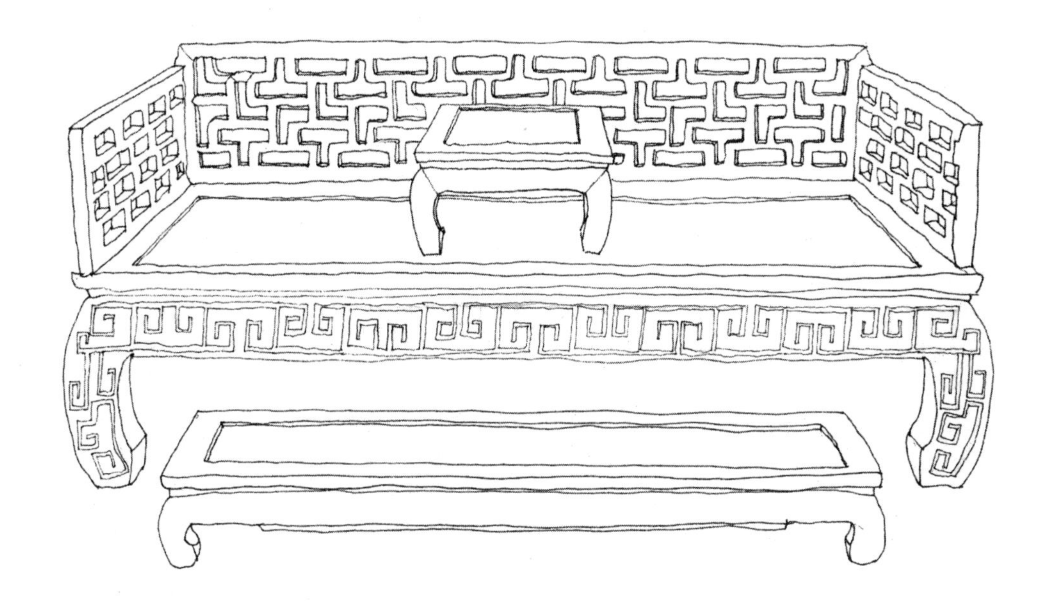

徽州木雕除了在建筑中的应用，还着重体现在徽派家具上。以本组罗汉榻为例，配长方形脚凳和方形炕几。炕几、罗汉榻、脚凳的摆放皆以中心轴对称，显示其稳重大方的特点。造型上，炕几、罗汉榻、脚凳皆面心下沉，面下束腰，面下四腿皆为鼓腿膨牙，内翻马蹄造型。此外，罗汉榻床面上装三屏风式床围，正面床围透雕万字格纹饰，两侧做矩形镂空雕刻；正面围子略高于两侧围子，是明式罗汉床中普遍的形式。面下四腿、牙条均以浮雕手法雕刻回形纹做装饰，做工精细。

罗汉榻在明代比较常见，一般陈设在王公贵族的厅堂，后面常配以屏风，给人以庄严肃穆的感觉，造型质朴，简洁洗练，充满古朴自然的气息，常用作打坐、对弈、品茗等。

案例五

佛像木雕

古代木雕技艺除了体现在家具、陈设观赏用品以外，还着重体现在佛教用品及规模形制较大的建筑木雕中，材料都首选质地较硬的名贵木材。上图中左侧为一尊端正坐佛，佛像右手持无畏印，左手扶膝，右胸袒露，身披袈裟，衣纹线条自然流畅，细腻的纹理使袈衣充满轻质、柔软感。右侧为一尊菩萨，菩萨像头发束成高髻，隐约可见头戴宝冠，面部饱满，眼睛略显细小，唇部造型也十分小巧，神态自然，充满慈爱。

左图为两尊佛的面部。左侧佛像头梳高髻，有深刻的发纹向上螺旋盘起，头顶形成花朵样花冠，头戴宝冠，表情端庄。右侧佛像面容清秀，隐约可见头顶肉髻，清癯高洁，修眉细目，唇角潜藏笑意，人物面容逼真写实，塑工精细。

案例六

平山堂内

古典建筑的室内构造十分精巧繁复，仅梁柱结构就让人赞叹不已。室内布局更是整齐有序，令人肃然起敬。受到传统宗法制度的影响，古典建筑的室内设计讲究对称布局，居于中间的是主人位置，宾客列于两旁，体现出严格的秩序感。室内陈设，如有家宴，设立团桌，大家围桌而餐，寓意团团圆圆。位于中间位置的条案上，放置有花瓶、拂尘、镜子，意为平平静静。

扬州平山堂由时任扬州太守的欧阳修所建，用于接待宾客，建筑内部遵循传统古建的布局，与众不同的是，这座建筑的檐廊是卷棚式，厅堂中央是玻璃窗，透过窗子能看到后面一进房屋。

案例七

徽州宅地雕刻装饰

古徽州建筑重装饰，因此于建筑的各处常见木雕及砖雕，尤其在门的装饰上，更是精心细致。古徽州门除八字墙门外，多为随墙门，门前摆放石狮等做装饰。八字墙门常见于望族等高贵门第的宅院前，后期徽商效仿其形制，取“宅门八字开，财气滚滚来”之意，整体造型气派，端庄精美。无论是八字门墙还是普通民居的随墙门，作为一栋建筑的门面都体现着宅院主人的地位及审美，因此对于门头的装饰极为看重。徽州多采用砖雕垂花门罩装饰，主要装饰部位多为门上方的垂花造型，一般采用左右对称的方式，从上到下雕刻装饰分为多层，每层的装饰内容都不相同，或是采用万字纹、回形纹等字样纹饰，或是雕刻祥云、花卉、草式等纹样和民间人物故事。

需要注意的是，八字墙门中占据重要装饰地位的是墀头部分的雕刻装饰。其装饰纹样大致分为五种，图中的墀头采用文字图案进行装饰，采用万字、回字的谐音，寓意吉祥如意。

井然有序

案例一

庄严的中堂

皖南民居的中堂家具有明显的地域风格。木质家具，书画玉器，遥相呼应，这种陈设极大地突出了建筑室内的欣赏性。

在严肃的中堂中，依条案为轴对称布置，桌子，茶几，均成双成套，布局中规中矩，严谨考究。左右两半，花瓶镜子，代表“一生平静”，古玩字画，瑞兽玉器，相互呼应，庄严考究。其次，明式家具在造型、工艺上都达到了中国古代工艺的巅峰。无论是案几桌椅，还是陈设古玩，都展示了精致的雕工和精巧的技艺，都体现了当时文人墨客的独具匠心。

案例二

严肃的厅堂

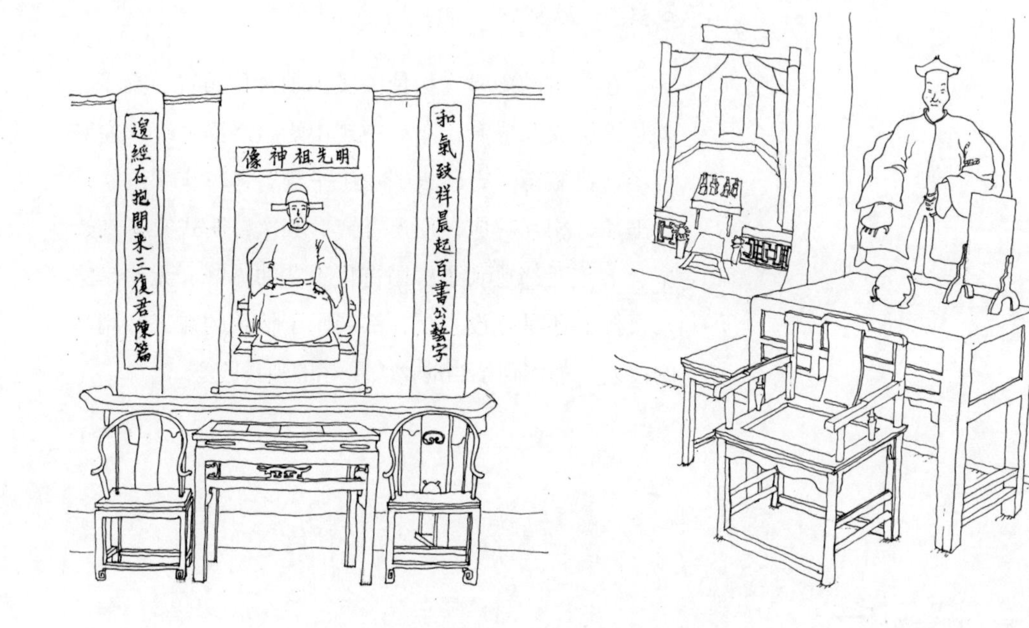

徽州民居建筑的厅堂通常比较规整，为一个标准的四方形。陈设布置一丝不苟，堂内环境庄严平静。

图中木几正上方挂有祖先、贤人的画像。两边书法对联对称排列，木几上的物品也相互对称。往下紧挨着木几的是供桌，其两侧太师椅的造型样式、摆放位置都力求严谨划一。

案例三

精致的妆台

在徽派民居建筑中，精致体现于方方面面，尤其是卧室中梳妆台的陈设。在整体统一的环境中，增添了一抹随性与玲珑。

图中整个妆台的设计，精致地雕刻出大大小小的隔断抽屉，使用起来方便有序。镜台造型精美，周围雕花相辅相成。妆台整体繁简相宜，精美大气。其大小尺寸与周围衣镜、隔断相匹配，精致玲珑，而窗、门的雕花也与妆台相配合。主人的情趣于细微处体现出来。

案例四

古朴的明式家具

明代家具无论在造型还是工艺上，都达到了中国古代工艺的顶峰，其中以苏州为中心的江南地区能工巧匠制作的家具最得大家认可。其造型优美干练，材质坚硬牢固，工艺精细考究。

图中桌椅木材坚固，造型简洁干练，线条流畅，使用方便。桌子下面雕刻有回字纹，以素面为主，局部饰以小面积透雕，以繁衬简，朴素而不简陋，精美而不繁缛。整个家具采用榫卯技艺，注重结构的整体性及力的平衡。

明式家具以其清秀的造型、匀称的比例、明晰的线条，充分表现了家具的文化内涵和艺术气质。它的结构部件和装饰部件，充分反映了天然材质的自然特性，精练、合度和科学的榫卯技艺，更使其达到了尽善尽美的境地。

案例五

精致的天井

在中国传统哲学文化中，天井和“财禄”相关。经商之道，讲究以聚财为本，造就天井，使天降的雨露与财气聚拢。四水归堂，四方之财如同天上之水，源源不断地流入自己的家中。四水归堂，聚水、聚财、聚福气，可谓“四季财源滚滚、四面八方来运”。

在徽派建筑中，老房子边上添新屋，和老房连体，却自带天井，形成单体多井组合庞大建筑。徽州人偏爱小天井，尤其是私人住宅。围着小脚女人的高墙小天井，不仅给徽商带来了家庭的安稳，也带来了强盛的商业。

皖南民居中，天井多小巧精致，青石板铺的路，砖雕石雕相互映衬，人们坐在室内，可以晨沐朝霞、夜观星斗。经过天井的“二次折光”，比较柔和，给人以静谧之感。

案例六

惬意的民居生活

皖南民居中，多设有美人靠。美人靠即对徽州民宅楼上天井四周设置靠椅的雅称。徽州古民宅往往将楼上作为日常的主要栖息和活动场所，古代女子轻易不能外出，只能倚靠在天井四周的椅子上遥望外面的世界，或窥视楼下迎来送往的应酬，故雅称此椅为“美人靠”。又因为这种椅靠背外突，超出天井四周的栏板，临空悬置，故又称“飞来椅”。

图中两户人家的美人靠，临景而建，椅子外四季景色宜人，靠着椅子休息，欣赏院内优美的景色，也是徽州人生活的一大乐趣。有的“美人靠”临幽静的小路，坐在房中便可知家中来来往往的客人，生活之趣也跃然纸上。

“美人靠”作为徽派建筑的一大特色，体现了皖南居民的生活闲适，即便足不出户，也能自得其乐。

案例七

宏村十三楼

南宋年间，宏村汪氏六十六世祖彦济公捧祖像，怀家谱，率妻孥，偕老幼，在雷岗之阳，购地数亩，历经二十年的艰辛建设，造楼房四幢，名曰究易轩，三友轩，槿木轩，大雅堂。三幢三间屋，一幢四合屋，共计十三间，俗称十三间楼，形成太乙象，取名泓村，又名宏村，定下了宏村的基址。岁月无情，十三楼在历史的冲刷中消失了，只留存今日的这第十三座楼的“十三楼”，仅存一幢大雅堂。因此，这座十三楼的资格在宏村最老，地位最高。

2000年，汪晶德、吴阿桃夫妇注资修复了此楼，并以“雷岗山庄十三楼”为名以念。

以十三楼为代表的徽派建筑，多依山而建，因平地稀缺，建筑大多瘦高挺直，房屋呈梯式排列，错落有致地簇拥在青杉翠竹间。建筑大多就地取材，坚固实用，美观大方，又不失自然的美感。清一色的黑瓦白墙，对比鲜明，加上色彩斑驳的门罩、窗罩，显得更加古朴典雅，韵味无穷，清淡朴素之风展现无遗。

别具一格

案例一

幽深的曲径

徽派建筑多以黏土、石灰、青石为材，颜色清秀雅致。深秋时分，家家户户忙着收割，金黄色的果实与青砖小瓦相映衬，别有一番世外桃源之景。

高低错落的院墙中间挤出来一条窄窄的小道，曲径通幽处，青石板路上弥漫着氤氲的水汽，清末明初烧制的砖块，高低不平的路面，坑坑洼洼的脚印，与两边青灰色的屋檐相呼应，更有一种古朴稚拙的气息，像一位上了年纪的老人，安静地诉说着这里的故事。

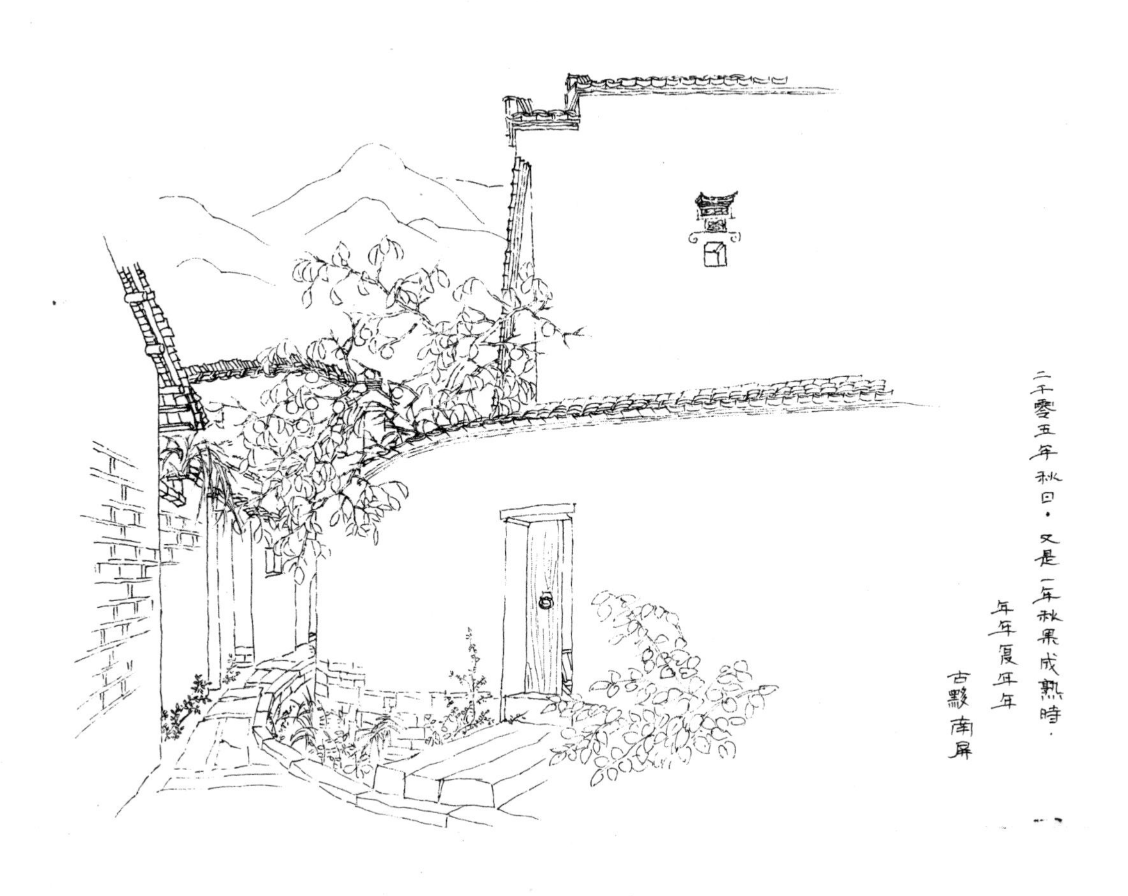

案例二

静谧的院落

青砖小瓦马头墙，回廊挂落花格窗。皖南建筑多清瘦高挺，房屋呈梯式排列，错落有致。高低起伏的马头墙给人一种万马奔腾的动感，雕刻精致的门头显示出家族的地位与权势，整个建筑精致优雅，力求人工建筑与自然景观融为一体。建筑临水而建，在整个村落的一隅，静谧优雅。青砖小瓦与远山云雾相映，像是从山水画中描下来的仙境。

案例三

盆景园门口

江南园林的设计，善于闹中取静。

中国古代的文人尚静，这可能是他们“读圣贤书”的现实需要，也可能源于修身养性、坐而论道的社会风气。当他们的宅邸或者园林必须修建在繁华的市肆旁边时，就渴望用简单的隔断来营造另一番情境。

隔断的方式有很多种，最常见的就是墙。隔离城市的喧嚣，有时只是一堵花墙就可以实现。但墙不能单独存在，否则显得单调。必须配以植物或者傍以建筑。墙上通常会有花窗作为“透气”的元素，配有花窗的墙称之为“花墙”。

扬州盆景园门口，其花墙的独特之处在于，以小假山和亭子作为配饰，这样，墙体就丰富了许多，也引起了人们对园内景色的好奇。

案例四

别致的墙头

局部场所的空间序列与节奏感，使人在一定的环境里获得了良好的观赏效果，甚至在运动的情况下也能够获得特殊的情境感受。比如这里的画面，虽然观者的位置随着时间推移发生了变化，但同时感受到了环境带来的和谐统一、变化有序、时起时伏的韵律感，形成了完整深刻的印象。

案例五

独特的光影

光影塑造了建筑空间的构建，增强了视觉的层次感，环境的感染力；这幅画幽深的街巷以线条的密集排布表达了光影的轻盈姿态。

“空间是渴望，一种对于可能性、外界、旅途、生机和开放、离开的期待。场所是停顿、内部、修缮、请假、休息。空间和场所是唇齿相依的——彼此促进。如果场所要加热、点火，那么空间就是燃料。我们需要两者作为建筑的基本元素，瞻前顾后。”热闹繁华的街市，人来人往的桥头，一山、一水、一桥、一筑，这些元素的综合形成了特殊的场所精神与生活的诗意。

清静闲雅

案例一

粉墙黛瓦的徽派建筑

在徽派建筑中，马头墙是造型上最为突出的代表，特指高于两山墙屋面的墙垣，也就是山墙的墙顶部分，因形状酷似“马头”，故称马头墙。

马头墙轮廓作阶梯状，脊檐长短随着房屋的进深而变化，有一阶至四阶之分。马头通常是“金印式”或“朝笏式”，显示出主人对“读书做官”这一理想的追求。在聚族而居的村落中，马头墙起着隔断火源的作用。高大封闭的墙体，因为马头墙的设计而显得错落有致，为静止呆板的墙体添加了一种动态的美感。从高处往下看，聚族而居的村落中，高低起伏的马头墙，给人视觉上产生一种“万马奔腾”的动感，也隐喻着整个宗族生机勃勃、兴旺发达。

“粉砖黛瓦马头墙，曲杆回廊小轩窗”。传统的徽派建筑在青山绿树的映衬下，显得格外古朴素雅。

案例二

朴素的村落

高宅、深井，有收集雨水的功能，这是源于早期砖木建筑防火的需要。同时这样的设计使得屋内光线充足，空气流通性较好。

徽州多山地，建筑多依附于山水而建。建筑宅邸时往往就地取材，在坚固实用，美观大方的基础上，寻求朴素自然、清雅简单的美感。

图中以当地的粘土、石灰、黟县青石为主要材料的民居建筑构思精巧，造型别致，结实美观。远远望去，清一色的黑瓦白墙，对比鲜明，加上色彩斑驳的青石门窗罩和清秀的水墨画点缀其间，显得更加古朴典雅，韵味无穷，清淡朴素之风展露无遗。

案例三

高低错落的粉墙黛瓦

徽派建筑的艺术风格，呈现出自然古朴、隐僻典雅的气韵。徽州民居建筑材料颜色清淡素雅，清一色的白墙、灰砖、黑瓦。古代匠师采用这种黑、灰、白色彩搭配，一种解释是对皇室专用的金碧辉煌装饰的避讳，另一种解释是表示自己建屋筑宅的资金非常洁净，没有任何不义之财。

中性色彩的构成，体现了更多层次的审美内容。黑、白、灰经过巧妙的安排和运用，犹如音乐以高音、低音、中音谱成的乐章一样。同时，在对比的关系中显出各自的特色和作用，互相衬托，构成和谐的节奏，给建筑外观带来韵律之美。此外，马头墙的造型极具装饰性，它犹如昂首振鬣的骏马，腾骧屋脊之上，跃向广阔天宇，错落有致、极富动感的形象，大大拓展了徽派建筑的空间感，显示出勃勃的生机和活力，给人以驰空绝尘的奔腾美和外部造型的整体美。举目远眺，粉墙黛瓦的高低错落映入我们的眼帘，建筑与环境混为一体，人与自然达到高度统一，一幅天然的图画让人美不胜收。

案例四

错落有致

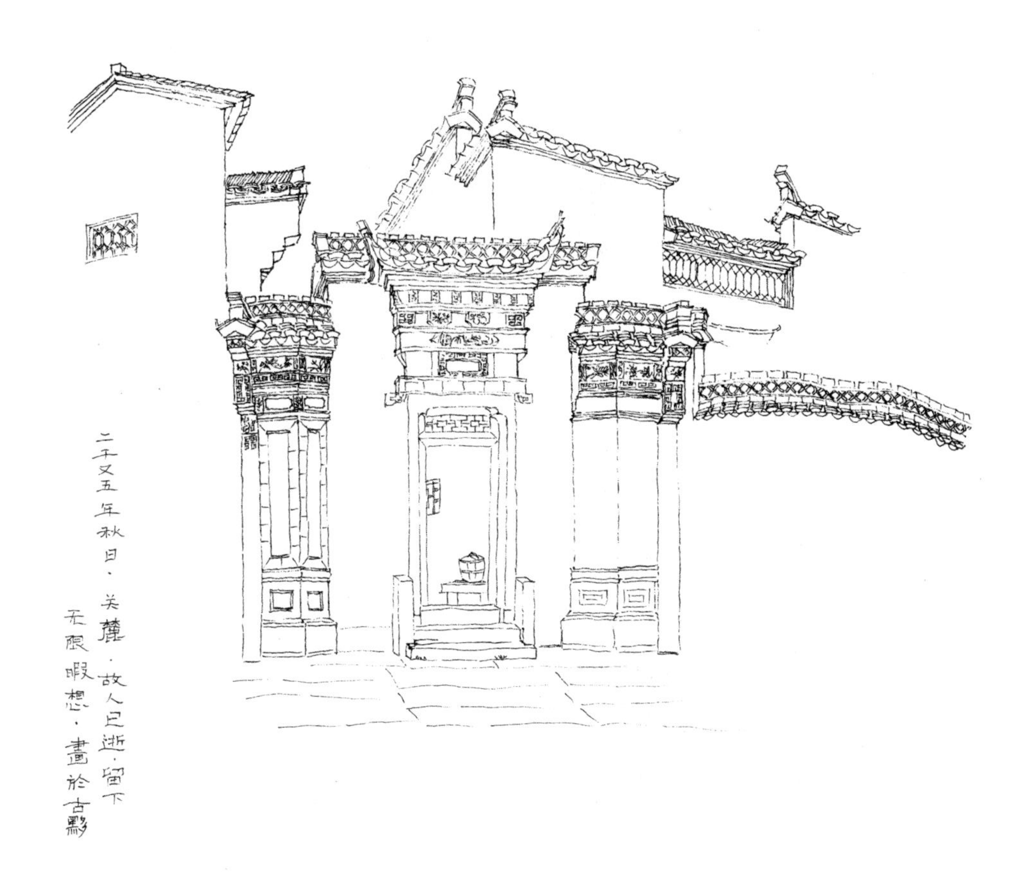

徽派建筑以黛瓦、粉壁、马头墙为表现特征，以砖雕、木雕、石雕为装饰特色，以高宅、深井、大厅为居家特点。徽派建筑的特点是每家每户的房子都很紧凑，整个村落看起来都错落有致。

民居外观的整体性和美感很强，高墙封闭，马头翘角，墙线错落有致，黑瓦白墙，色泽典雅大方。装饰方面，青砖门罩、石雕漏窗、木雕楹柱与建筑物融为一体，使房屋整体精美如诗。

案例五

古朴淡雅

徽州古民居村落往往以青山古木为屏障，同时伴有山泉溪水之便利，四处都充满了乡土生活气息和人情味。

院内的花草、假山，体现了人们对大自然的无限向往，外观古朴、淡雅的徽州古民居建筑作为环境艺术必须植根于周围环境之中，与周围环境氛围有机结合。徽州建筑与周围环境的关系，不仅可以获得丰富的审美观感，还可以更好地装扮环境，美籍华裔建筑大师贝聿铭说，“一座好的建筑物应该能适应周围环境，它不是力求在那里表现自己，而是应该去改善、美化和丰富周围环境，这是设计一座建筑最起码的要求。”

案例六

双峰云栈

“双峰云栈”为扬州瘦西湖二十四景之一，清朝乾隆年间《瘦西湖园林名胜图》、李斗的《扬州画舫录》均有记载。该处景色与众不同，它位于蜀岗西麓的峡谷之间，峡谷有较大的落差，巨大的瀑布从峡谷顶部的水轩倾泻而下，落入谷底的水潭中，水声震天。流水通过顽石，又在水潭下游形成数条涓涓小溪。整个景点宛如仙境。

案例七

小金山下

瘦西湖小金山原是盐商的园林，山上有一组建筑，是其母吃斋念佛的住所，后被开发出来成为瘦西湖的一部分。小金山上遍植大树，阳光透过树影照射在雪白的墙上，颇有空山藏古寺的禅意。画面处理上，用简洁的白描手法勾勒出轮廓，应和了场景中清静闲雅的意境。

案例八

逸圃一角

逸圃是扬州的另一处私家园林，面积不大，但轩榭、楼台、池塘、假山齐备，具有江南园林的典型特征。设计师寻求氛围上的清静与安详，表现出私家园林微小但精致的面貌。

热闹繁华

案例一

瓷器店

有人的地方就有生活，就有生活气息。老城区中的小店，别有一番生活的情趣。小店布置井井有条，有着一种难以言状的热闹的美感。

瓷器店是老板占用了一处亭廊来布置的，大大小小的瓷器堆放在门口，吸引着顾客的眼光。画作着重表现这种凌乱中的秩序感，笔触虽杂，但对建筑和瓷器形体的塑造不能含糊。

案例二

鸟笼店

鸟笼店的情趣在于笼中活蹦乱跳的小鸟。清晨，叽叽喳喳的小鸟让整个街区都醒了过来。鸟笼挂在店中，依次排布，走进其中如临森林一般，很有味道。

案例三

河畔人家

扬州的小秦淮河畔，世代居住着老居民。他们的生活虽然清淡，也透露着些许趣味。满架的丝瓜藤、路边停放的电动车，以及桥头高低错落的老房子，都以“无人胜有人”的空灵向人们展示着生活的情调。

案例四

徽州街道

人性的环境设计需要人性的尺度，徽派建筑的空间尺度宜人，充分考虑了环境使用者的需求及体验。“在建筑中，空间尺度必须结合考虑人的因素才有其实际存在的意义。因而，人在空间中的感知和体验，是设计中重要的考虑因素。”

案例五

村口池塘

人需要象征性的东西，也就是“表达生活情境”的艺术作品。场所是一种独特的气质或气氛，“场所暗示了对空间附加的特殊价值。”

淳朴自然

案例一

苍柏与亭子

所谓“淳朴自然”指的不是破败的房屋或者倒塌的墙垣，而是人工的建筑与自然的山川、水流、树木等形成和谐统一的关系，看不出人工与自然之间鲜明的分界线，似乎二者自然而然地融为一体。

苍柏林中的亭子，虽然是人造物，但亭子的古朴与苍柏的遒劲形成了完美的统一，于是亭子似乎本来就应该生在苍柏林中似的。画面着重表达苍柏的沧桑感、怪诞感，将亭子弱化表达，突显出密林的幽深之趣。

案例二

村中栅栏

村中有一条很长的栅栏，通过一种近似漫画的方式对栅栏杂乱的枝条进行描绘，能够获得一种特殊的趣味。

案例三

宏村一角

一边是山野、小桥和耕地，另一边是高耸、斑驳的马头墙和狭窄的一人巷，二者映然成趣。

案例四

锦泉花屿

冬天的瀑布景色十分迷人。瀑布的水流与冰冷的岩石之间形成了呼应，让人感到寒意逼人，也有几分野趣。

案例五

石磨台

这是一处小景。作者聚焦于深藏于山间屋后的这个石质老磨台，用较粗的笔触表现其苍老感，山村的趣味正在这种苍老与生机的矛盾之中。

案例六

乡村小屋

山村边缘的一处茅草屋，也别有一番趣味。茅草屋在现在的农村也十分少见了，画面简洁地概括出茅草屋的质感，将野村中的荒凉表达出来。

案例七

竹林深处

在景观设计中，通过林子来掩映建筑是常用的手法。建筑深藏于竹林之中，让人产生世外桃源的遐想。

案例八

山村小景三幅

自然景观是由山水、动植物资源和风霜雨雪等自然现象构成的，是一个地区的自然环境条件总和，也是一个地区乡土景观框架的基础和大背景。

案例九

青山下的民居

徽派建筑讲究依山傍水，翠微缭绕的自然美。徽州地形复杂多姿，境内层峦叠嶂，溪流纵横，温润的亚热带气候更使这里山林繁茂，绿意葱茏。

群体布局时，徽州人多重视周围环境，参考山形地脉，水域植被，或依山跨水，或枕山傍水，力求人工建筑和自然景观融为一体，居家环境静谧雅致如诗如画，保持人与自然的天然和谐。在这种建筑思想的指导下，徽州“桃园里人家”式的村镇随处可见。它们蛰伏于云遮雾绕的深山一隅，白墙灰瓦，青山云雾，形成了一幅天然的山水画。

案例十

村落外的远山近野

“绿树村边合，青山郭外斜。”从古至今，中国人聚族而居，依山傍水，山林，田野，绿树，村落，人们依靠自然的馈赠，在这片土地上生生不息地生活着。如今，在这片土地上还留有最古老的生活方式，村落里的人，日出而作，日落而息，仿佛闹市中的隐士，悠然自得。

图中青山绿树，层次丰富，搭配相宜，足见生活在这里的人们的山野之乐。

案例十一

楠溪江的民居

楠溪江位于温州市永嘉县境内，具有明显的耕读社会传统生活和山水景观的生态合体的特征。

由于南宋以后行政中心北移，以及楠溪江对外交通不便，楠溪江流域变得很闭塞，所以建筑延续了宋代的一些特点。到了明清时期，楠溪江的住宅，主要以长条形三合院式的居多。长条形的住宅通常为五间或七间的小型住宅，除了在山坡地不得已而为之的以外，一般质量都不高。

另外，因为楠溪江位于南部潮湿地区，且人们大多数都以耕地为主，所以到了明清后期，楠溪江的民居建筑摆脱了封闭性，院落宽敞，石墙低矮，地面铺满石块，晴天可以曝晒庄稼粮食，雨天可以保证排水畅通。

画面中古老的房子被郁郁葱葱的绿树遮掩着，居住在这里的人们自给自足，山野之乐，不言而喻。

案例十二

竹林间的草屋

江南民居普遍的平面布局较为紧凑，院落占地面积较小，房屋外部的木构部分用褐、黑、墨绿等颜色，与白墙灰瓦相映，色调素雅明净，与周围自然环境结合起来，形成景色如画的风貌。

“采菊东篱下，悠然见南山。”隐士的生活大抵是如此了。将茅草屋置于山脚下、竹林间，更添一分宁静致远的气息。整个画面层次丰富，层层递进，山林野趣跃然纸上，令人心驰神往。

案例十三

山野别居

徽州临近黄山，黄山脚下民居多结群落而居，偶有数栋小屋坐落于山的半腰间与山林成一体，别具趣味。图中为山野民居的厨房一角，可见斑驳的墙迹在拐角突出的地方稍有脱落，简单的木质圆柱与方形柱础和地面随意铺设的砖面相协调，有一种古朴别致之美。木柱上随意挂的盛器与木架上摆放的陶罐等器皿饱含生活气息，透过水渍斑斑的缸与插销方式开门的橱柜能看出院落主人平时忙碌的身影，右侧隐隐可见的木柴诉说着主人日常生活的同时，体现了于山林深处人们最原始自然的生活方式。

案例十四

静谧雅致的房屋后舍

此建筑环境优雅，空气清新，视野缤纷，房屋呈梯式排列，错落有致，给人以柔美小景致的感觉，恍如一幅图画。徽州民居外观造型简洁，装饰适度，黑瓦白墙，色泽朴素，典雅大方，高墙封闭，马头翘角，轮廓线高矮相间、错落有致。繁与简的比衬，黑与白的搭配，实用与美观的结合在这里得到了经典的演绎。

案例十五

山水民居一

徽州的大部分古村落是齐刷刷的黑瓦白墙，飞檐翘角的屋宇随山形地势高低错落，层叠有序，蔚为壮观，依山傍水，翠微缭绕。徽州地形复杂多姿，境内层峦叠障，溪流纵横。

徽派建筑群或铺展于波光粼粼的大河之滨，或蛰伏于云遮雾绕的深山一隅，环境优雅，空气清新，视野缤纷。这里群峰林立，林壑幽美，房屋呈梯式排列，错落有致地簇拥在青杉翠竹、流岚飞瀑的怀抱里，影影绰绰，飘飘渺渺，恍如人间仙境。

徽派建筑有着高超的建造技艺，浓厚的文化内涵以及独有的地方特色，在其形成过程中受到独特的地理环境和人文观念的影响，显示出较鲜明的区域特征，从布局到色彩都给人一种较为统一的格调和风貌。

案例十六

山水民居二

徽州村落视野富有一种特殊的山水意境，宛如一幅凝固的中国山水画和一曲中华民间音乐，正如有识之士所认定的那样，兼有山之静态与水之动态的交汇、山之封闭与水之开放的互补。这就使得徽州民居村落，大都以天然山水为依托，重视地理环境的选择，充分认识自然。

徽州村落民居建筑的选址和设计，体现出依山傍水，随坡就势的格局，即利用天然的地形、地貌进行规划设计，通过适量采用花墙、漏窗、楼阁等建筑手法，沟通内外空间，以使房屋群落都达到与环境巧妙结合的意境。由于徽州丘陵山地结构特殊，群山环绕，川谷崎岖，峰峦掩映，山多而地少，岩谷数倍于土田，正所谓“七山一水一分田，一分道路和庄园。”

徽派建筑在今天仍然充满生机，作为一个传统建筑体系，融古雅、简洁和富丽于一体，保持着独有的艺术风格，不仅具有实用功能和开发使用价值，而且具有科技工艺和历史文化研究价值乃至旅游观赏价值。

案例十七

山野小屋

徽派建筑突出淡雅朴素的特征是：小青瓦、白粉壁、马头墙，以及木构架、木门窗的重檐。建筑整体色泽属于无彩色系，即以黑、白、灰为主，清一色的黑瓦白墙灰砖，清新淡雅，既是对皇室专用奢华装饰的避讳，又表明徽州人民淡雅的生活态度，经过几百年的岁月洗涤，斑驳的墙面上呈现出冷暖相交的复色，积淀了一种历史感和古朴美。

徽州民宅的整体色彩效果是黑白相间，以黑、白、灰的层次变化组成统一的建筑色调。单纯得一目了然，又神秘得高深莫测，表现出历史悠久的东方美学“道法自然”的文化意蕴。平淡自然的美学理想，从理论上赋予道以美的属性，深深渗透在民居建筑艺术之中。

宏村作为徽州建筑的典型代表，充分体现了“天人合一”和“物我为一”的哲学思想，把天、地、物看作一个有机的整体，枕山、环水、面屏、村落建筑与桥梁、道路、河流、田地、山川的巧妙结合，既尊重自然、融于自然又改造自然，形成了徽州整体上的优美风貌。

案例一

河边人家

蓬勃洋溢

扬州的小秦淮河边，住着很多老居民。他们依河而居，接受着河水的滋养。时常有妇女到河边洗衣，小孩到河里游泳，老人在河边钓鱼。蜿蜒的小河给予了居民无限的生机。

在扬州，居住在小秦淮河边的人往往都不怎么富裕，他们的住房或者是祖屋，或者是20世纪90年代建造的。因此，房屋参差不齐，显得较为破旧。但正是这种破旧与杂乱，使得河边人家有了小桥流水的安逸与闲适。

案例二

小秦淮河

作者坐在河岸边，勾勒小桥、驳岸与流水。通过简要的速写方式，描绘一种安详与恬静的气氛。

案例三

园林俯瞰

私家园林的建筑、花木、假山、池塘等都比较精细，围合成一个与世隔绝的小庭院。对景物进行记录时，需要采用细致的手法，将池塘的倒影、树影等绘制出来。

案例四

村口二景

画中的洗衣人，水池边熟悉的击打声。乡土景观的艺术化、符号化，都在保留乡土的精神，并引起人们情感的共鸣。

案例五

乡土气息

乡土事物，是一个或一组事物形成的景致与风貌。例如乡村小路旁的一棵小树，遗留在田边的一个水桶等。一般是由具象的“物”所构成的，其具有具体的景观形态，给人较为直观的乡土感受，是生活艺术的体现。

材质选择

清秀柔美

案例一

绣楼

绣楼是古代女子专门做女红的地方，从该图可以想象，上午阳光斜斜照过木窗，照到专心刺绣的女孩身上，小姐自小就在这里学习刺绣，一直到出嫁前都不得下楼，平时只能透过环形天窗想象外面的世界，在古典文学中经常描绘这样的场景，明显地体现着严格的封建礼教、家规。

绣楼也体现了徽州古建筑的特色。徽州民居建筑一般为三开间，形成典型的徽州天井式结构，一般坐北朝南，依山面水。利用“借景”等处理手法，把室外空间的一部分纳入建筑空间的范畴，如入口前院、天井、宅院等，补偿了室内空间受结构限制，难以多变的缺点。如黟县西递村，保存完好的膺福堂建于清康熙年间，已有250余年历史，为前后三间三楼结构，高大宽敞，淡雅古朴，后进天井中置以鱼池、盆景，恬静清幽，点缀相宜。天井是徽州民居最基本的建筑格式，几乎每一栋宅子都设有天井。从功能上讲，这种设计使得屋内光线充足，空气流通，有利于排水。居室中的厅堂面对天井开放，厅堂和天井融为一体，坐在厅堂内便可晨沐朝霞，夜观星斗，名副其实的坐“井”观天。有些宅子在天井处设置假山，筑池养鱼，摆放盆景，使天井成了搬进室内的庭院，此做法亦是“借景”，在世界上也是独一无二的。

案例二

发簪

发簪，古代汉族用来固定和装饰头发的一种首饰。中华民族有用簪来固发、美发之俗，其发簪种类繁多，历史悠久，具有浓郁的民族特色，蕴含着丰富的文化内涵。

明清时期妇女发簪、钗、步摇等装饰手法，通常借助这些饰物进行造境和装饰点缀，来达到礼法规定的审美与道德要求。如通过借景、借物、借事、借形、借天、借地等方式来进行抒情、表意，从而营造出或雄浑典雅或自然含蓄或清奇明秀的造型风格与意境。明清时期妇女发簪、钗、步摇的饰物或多或少都有装饰图案，图案内容主要以祈吉求祥为基本出发点。簪身为圆形或扁形，簪首向前弯曲，呈如意头状。在求福、求禄、求寿、求喜、多子多孙、千秋万代的图形的祈愿中期盼家族的兴旺发达，或许这是中国传统妇女对自我实现最好的寄托。

案例三

木雕窗格

徽州木质窗雕在艺术中更多的追求儒家文化的气息，并使其成为具有鲜明的儒家文化特色的木雕艺术流派。徽州木质窗雕的处理层次基本上在允许雕刻深度的平面上变化，整体感很强。徽州木质窗雕的艺术价值，不仅是徽州古建筑工程中的装饰品，同时也是能够独立存在的完整艺术品。

徽州木质窗雕作品绘画性很强，作品从正面观赏最佳，每地一块或一组献词是在一个平面上，采用阳刻的手法，依据画面的结构，逐渐递增使层次加深。它们的形体受雕刻材料的实用板面所约束，处理层次基本上在允许雕刻深度的平面上变化，整体感很强。从雕刻装饰角度，安装时也有技巧，讲究观赏视角，花边的配置可以不放在一个平面上，显得层次丰富，在统一中求变化。木雕图案的整体设计，要求构思严谨，前呼后应，题材新颖，画面生动，大小适配，总体和谐。

案例四

窗格

木窗是庭院中十分引人注目的雕刻艺术。窗子都朝向院中，这种窗的高度基本与人同高，因而能够挡住外面人的视线，可以避免进入天井院的客人看到屋内的女眷或物品。窗子有透空的纹饰，雕饰着精美的图案。其整体通透，而格心部分精美的图案一直延伸到下面，给人一种通透雅致的美感。恰恰是这样一种装饰，让窗户的通风透气采光等效果更好一些，这种窗也是徽州民居较有特色的装饰。

窗上的纹理有很多种，其中，回纹是最常见的几何纹样，常应用在隔扇的隔心部分和石窗上，现在已被广泛应用在建筑图案中，常以二方连续或四方连续的纹样出现。万字纹也是建筑装饰中常用的装饰纹样，常用作装饰的底纹。万字之间的连接靠的是回纹，回纹将“万”字连成一片，称为“万字不到头”，具有象征意义，万字纹也有长寿的意蕴，古人寓为万寿无疆。

案例五

透雕窗棂

就江南园林石雕花窗框架的形状来看，可谓丰富多彩，应有尽有，犹如鲜花百态，令人目眩神迷。江南园林花窗的基本表现形式有两种，即空窗和漏窗（又称漏明窗）。空窗只有一个窗框，其中“空空如也”，漏窗则框中。

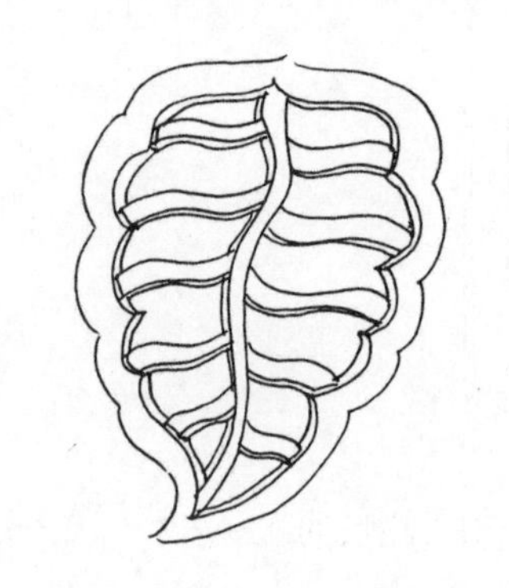

石雕花窗中的漏窗，花纹图案灵活多样，千变万化。纹样构成可分为几何图形与自然形体两大类，也有混合使用的。其中几何图形多由直线、弧线、圆形等组成，如简洁大方的十字、人字、万字、回纹、冰纹、波纹、锦纹、菱花、六角景、绦环等；生动活泼的鱼鳞、秋叶、海棠、葵花、梅花、联瓣等；还有四边为几何图案，中间嵌以琴、棋、书、画“四雅”的纹样。

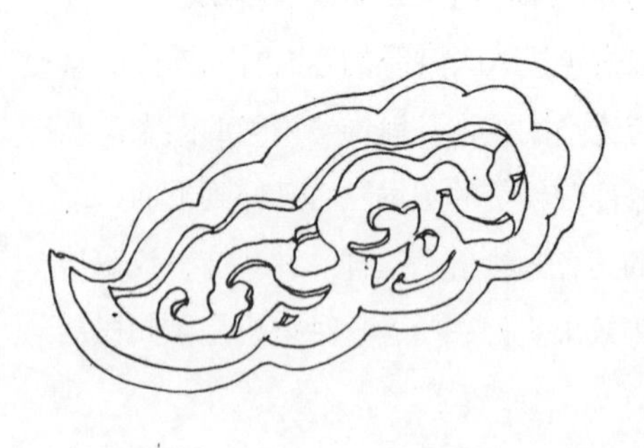

石雕花窗作为园林当中的装饰小品，是园林艺术的重要组成部分。其艺术成就当推苏州石雕园林的花窗最为著名，富有极强的艺术表现力。花窗的外观造型多种多样，有方、圆、五角、六角、八角、菱形、扇形，书形等多种形状，其构建手法主要有石雕的花窗和镂花镶拼的石窗。从装饰的视角看，园林石雕透雕花窗的精美框架和其中的花格都富于图案的美。篆书“明”字的左旁——曹，其中镂空的美丽花纹，呈“窗丽阁明”之象，这已体现了实用和美的统一，后来发展为精美的“绮疏”。至于园林中的花窗，不论是启是闭，都呈现出种种优美的图案，它们还往往透过花窗外的光线，表现出光与影错综交映的美，成为装点园林的活泼题材。

案例六

美人靠

“秀水丽景随处有，美人靠上美尽收”。美人靠是徽派建筑的一种文化代表。美人与美景相映成趣。古时妇女百无聊赖之际，她们只得妆楼瞭望、凭栏寄意。美人靠因此得名，美人靠向外探出的部分弯曲似鹅颈。其优雅曼妙的曲线设计合乎人体轮廓，靠坐着十分舒适。通常建于回廊或亭阁围槛的一侧。

案例七

祠堂木质雕花隔扇门

普通民宅大门多采用石雕与石质门框进行装饰，而祠堂大门，多为木质梁柱式格栅门。大门两侧由立柱支撑，柱下有六边形石质柱础，起承重、防潮的作用。两柱之间架月梁，两端微微下弯，中间向上拱起，形似弯月，故得名。

大门嵌在梁柱之间，上半部为直棂造型外加一平棂加固，平棂下均匀放置四个祥云、如意状小物件，稳固结构的同时具备一定的装饰作用。下半部为两对门扇，最两侧一对门扇不常开启，为六根横向抹头将门板分为绦环板、格心等 5 部分，绦环板分上中下三块，上部雕祥云纹样、中部雕编织纹样，下部用镜面做装饰，格心与裙板做直棂形，整体简洁通透。

案例八

民居砖雕垂花门罩装

徽州门罩出现年代较早，门罩其实就是装饰相对简单的门楼，也同样具有避雨的作用，不过随着时间的推移，门罩的功能性逐渐弱化，而装饰性被演绎得更加精彩。门罩顶部一层一层向外出挑的檐角，整体看起来与元宝造型相仿，因此有“招财进宝”的说法。自檐角向下，层层砖雕，雕刻精美、细腻，刻画题材从各类吉祥纹路到其中一块大面积的民俗人物故事雕刻，一笔一笔的叠加与保留，使徽州民居门罩富有变化与韵律。

案例九

民居格栅门

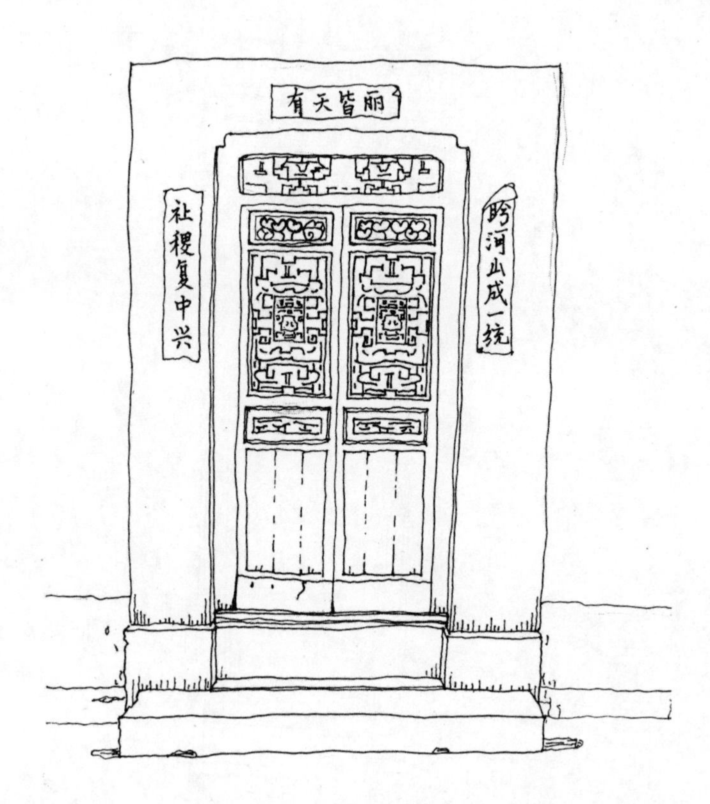

中国传统民居中门的形制多种多样。总体分为屋宇式大门与单体门，我国传统民居中常见的是单体门，而不同的单体门又根据其独有的形制、构件不同做类别的细分。但整体而言，大致都包括门槛、门枕石、门框、门板等部分。

随墙门的大门外框较宽，常用来贴门联。从门板来讲，该门为格栅门，格为木格，门体较为通透，门上的抹头与门板隔开，成为单独构件。门板基本是由木料制成木框，框内由五根横向抹头分为格心、绦环板、裙板三部分，其中，格心采用平棂构成与曲棂构成相结合的方式，雕刻布局成左右中心对称，形成一定的规则和节奏感。

案例十

双亭

通常，传统建筑以砖木结构为主，木质作为传统建筑的主要材质，有其独特的质感和轻巧的重量，使用木质作为建筑材质，拉近了人与自然的距离。作者着力表现双亭的木质与砖瓦质感。通过对亭子的形体、质感的描绘，突显出木质的特点。

案例十一

联排民居

乌黑的瓦片，紧凑的木结构，茂密的植被，充满了生活气息的场景，温暖而亲切。材料的选择与应用也在反映一个地区的地域文化和民俗习惯；择材施技，是当地人技艺经验和生存智慧的结晶。

古朴稚拙

案例一

鼓形须弥座门枕石

门枕石俗称门墩、门座、门台、镇门石等，起着承托和稳定门板门轴、安装加固门槛的功能。常摆放在宅邸院落大门门楼两侧，成对出现。常见形制根据主体部分造型有鼓形、箱形和狮子形等。

鼓形门枕又称抱鼓石。门枕石通常由四个基本部分构成，自上往下分别是兽雕、主体、包袱角和基座。各部分应主人意愿雕刻草纹花卉、瑞兽祥禽、吉祥故事等，一方面在整体造型上有一定的装饰美化作用，另一方面，雕刻纹饰寓意美好，位于大门处，表达园主人的美好品质与祝愿。

案例二

小鼓花纹底座抱鼓石

以鼓形为主体，是装饰图案突出表现的部分，其图案丰富、雕刻精致巧妙，手法上，既有浅浮雕纹路装饰，又有高浮雕立体刻画，主要内容常见有三狮戏球、四狮同堂等。

图中鼓形主体上的趴狮，前脚趴窝在鼓形主体上面。另外大鼓前雕刻花卉纹样，纹样精美，寓意吉祥；大鼓两侧的鼓钉采用半圆雕的手法，鼓钉体量均匀，富有韵律。两侧鼓面隐约可见采用深浮雕手法雕刻的吉祥花草纹样，整体形状与鼓面相契合，十分巧妙。

案例三

祠堂鼓形门枕石

主体下有不同形制的基座，和与基座相匹配的造型纹样。一般多采用包袱角与须弥座为基座，包袱角为三角形石刻，分布在前方和左右两侧。一般多见浮雕荷花、牡丹、葵花和卷草纹、如意纹、祥云纹等纹路，表达福寿吉祥的寓意。包袱角其下为基座，通常基座雕成须弥座的样式。大鼓主体下为小鼓，其中心下沉，两头翘起，与大鼓相吻合，小鼓雕刻荷叶纹样，整体造型固定大鼓的同时具有一定装饰性。整体而言，门枕石一方面与门簪、门扇、门槛等一起产生整体的装饰效果，增强美感，有祈福、吉祥、辟邪等装饰作用；另一方面，它还显示了门第的等级和地位，尤其抱鼓石形制，是功名与身份的象征标志。

案例四

门狮

中国几千年的悠久历史，形成了独特的历史文明，拥有丰富灿烂的雕刻艺术遗产，石狮是其重要的组成部分，被推崇为神兽、灵兽。明清两代，石狮雕刻艺术达到鼎盛时代，充盈着宫殿、园囿、官署、古庙、民宅，深受人们喜爱，将其摆放于大门两侧，一方面担负着守卫大门的重任，另一方面也对建筑、园林起点缀作用。狮子的形象成为生活中的重要装饰题材，形成一种重要的建筑装饰程式。

石狮在明代根据其毛发数量制定了严格的等级规定，明代之后逐渐走向世俗化，民宅中也普遍应用。而其风格、造型、姿态也随着社会经济的不断发展而变换。在其发展历程中，石狮的摆放也逐渐形成了一种固定模式。

在徽州，无论是祠堂、民宅还是牌坊，都可见石狮的形象，其造型口含绶带、绣球，强悍威猛之中又不失灵动。例如徽州一处古石狮子，张嘴扬颈，四爪强劲有力，神态盛气凌人，骨骼雄健，动感极强，体现了盛世之霸气与神气。仔细观察，无论其面部五官、表情动态，还是身姿流线，造型生动，线条流畅，都体现了其雕刻手法雄浑、豪迈、大气。

案例五

石磨

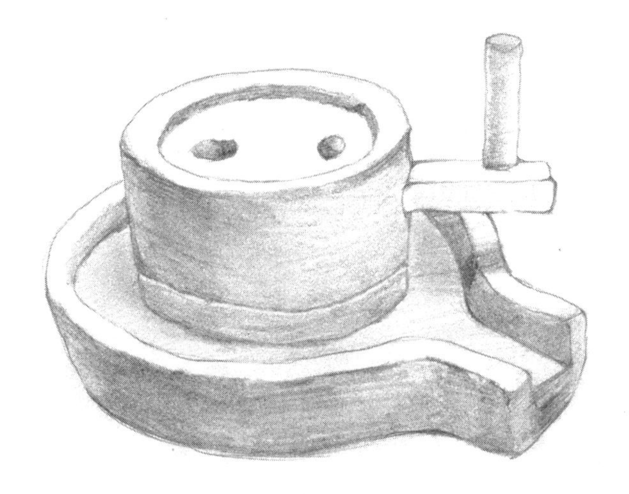

石磨盘是用于研磨、抛光其他材料的器物，传统多为谷物的加工工具，其材质为黄砂岩质。磨盘为圆形底，正面坦平，磨棒近似圆柱体，中间略细，两端略粗。

案例六

竹篮

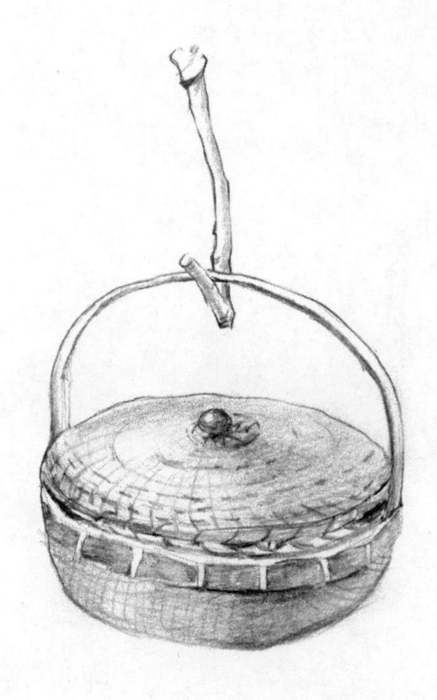

徽州民间的竹篮，精巧美观，牢固耐用，竹篮外形多为圆柱体、多边体等，造型千姿百态，各有韵味。常用编织技法有挑压编、拉花编、实编、空编，编工十分精细。

圆形竹篮的上下结构中，篮盖和篮身基本是一致的，整个篮体均匀分布，篮口、篮盖和篮身侧面也都匀称有致，整体非常流畅优美。在篮盖和篮底的当中圆形部分采用较宽的篾片及细密的多层编织结构，可防止篮中所盛物体渗漏，而篮的圆弧形篮身部位则采用精细的圆竹丝结构编制。同时，较宽的粗篾片和精细的细篾丝形成了强烈的反差对比，同时粗篾片的多层密不透风的编织与细篾丝稀疏的排列也形成了疏可跑马、密不透风的对比美感，粗篾片的直列编排与细篾丝的弧度弯曲编排同样形成了直与弯的形式感对比，这种匠心独运的巧妙构思，体现了当地人对生活情趣的向往与追求。

案例七

竹编橱柜

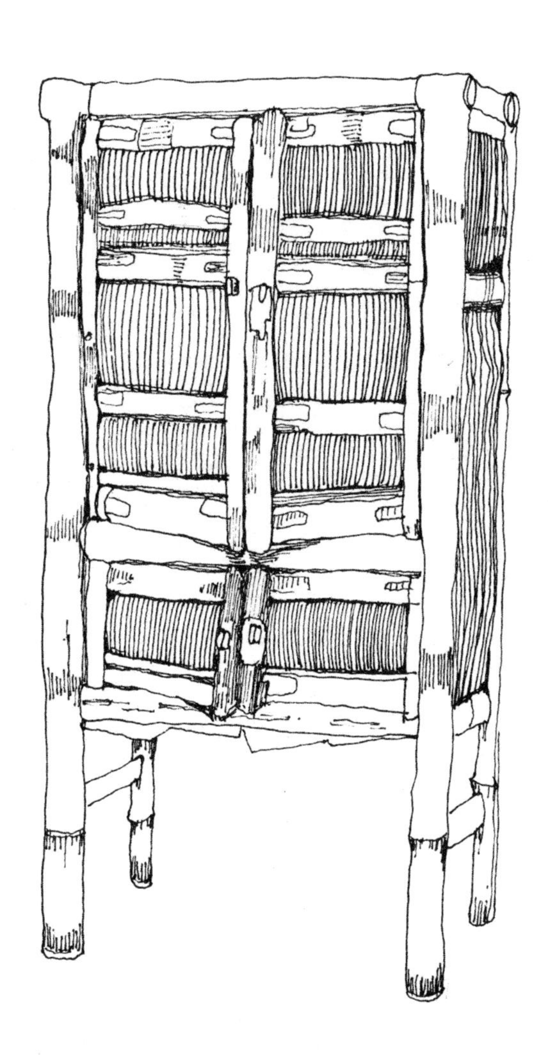

竹子其自然形态就是直线形的，所以在竹家具的造型设计中，其线的样式也多是原生态的。其直线的构造样式不仅简洁，且十分具有构成感，线的巧妙组合使得竹椅呈现出一种迥然不同的造型特征。

竹制储物柜简洁实用，外形感直立，竹子的截面或粗或细，或圆或方，细竹片和宽竹筒的宽窄对比尤为富有特色，柜子上满下空，有储物、防潮、防虫等使用功能，是徽州民间竹制品的代表。

案例八

竹编凳子

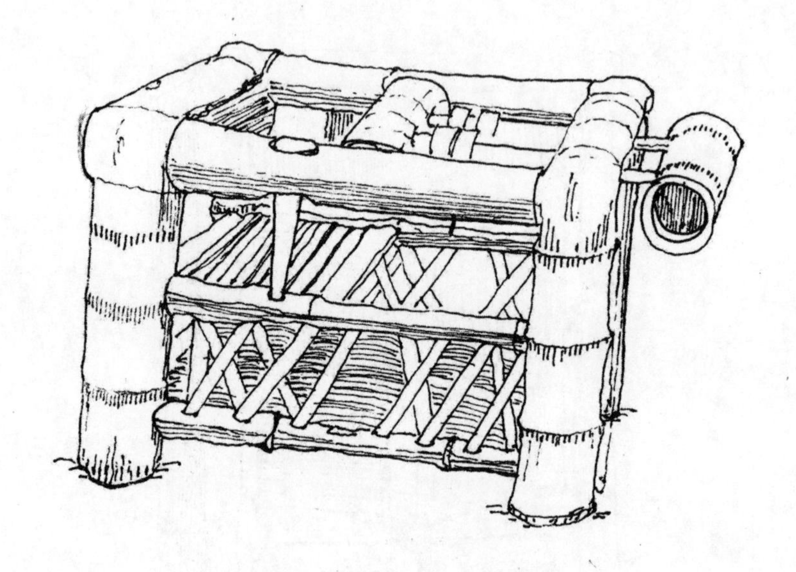

竹制品可以表现出形式丰富多样的造型，运用直径大小不一的竹竿，既可以直，又可以曲，既可以是圆筒状，也可以是削成长形的条状，材料形式变化之多，构成形式丰富，但归纳起来就是直线显刚，曲线显柔，在曲直间寻找最完美的构图方式，体态自由多变，宜曲宜直，造型独特而富有韵味。

竹凳是用各种各样的厚竹筒和薄竹片精心制作而成的。在这里其设计的初衷是为了保持坐具的牢固度，却在无形中通过不同竹筒和竹片的有机排列，形成了多变的空间和造型美感。竹凳的连接面采用一根竹子弯曲成形，采用开透空间排列成几何形或自然形图案的小部件填充以增加其构造稳定性，其特殊之处在于其顶端的拉伸设计，将顶端的竹盖拉出，就可以作为储存物品的箱子，所以它不仅外观独特且十分方便实用。

案例九

古朴的青石板路

青石板路主要是清末民初修建的，是由大小不等的青石板人工铺设而成的。

画面中迷漫着江南厚厚的水气，像一幅年代久远的水墨画，让人觉得淡定而又朴实。路的两旁是些古老的房子，青灰色的屋檐，滴水的檐角，矮矮的墙角爬满青苔，散发着潮湿的气息。青色的墙，青色的檐，青色的路，明清时期烧制的墙砖，如今上面已经留下了斑驳的痕迹，与青石板路相互呼应。幽深静谧的狭窄巷道，高低不齐的屋檐，都还留有当时古朴稚拙的气息。

案例十

枯木逢春

“枯木逢春”是扬州瘦西湖的一处景点。本来已经枯死的银杏树被设计师移植此处，配以凌霄花，生机盎然的藤蔓覆盖在枯木上，形成了别具一格的对比，更显示出枯木的苍老。

案例十一

石件数种

石质是一种特殊的材质，它既能表现出顽劣与沧桑感，又能在石匠的手下模仿砖质、木质甚至金属的质感。

石案，就是模仿了木质书案，石鼎模仿铜鼎，而石三件则是模仿了木茶几、木花架等物件。绘画的难度在于，如何既能表现出石质，又能将石质的模仿对象传神地表达出来。

案例十二

石狮子

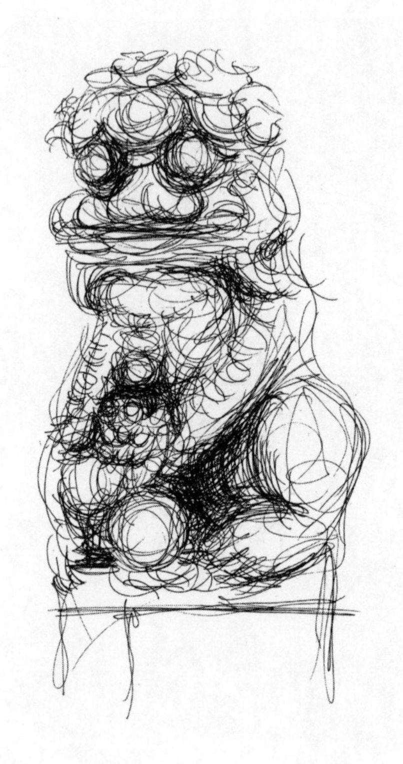

石狮不仅有不同的时代特点，还有明显的地域特色。这两组皖南石狮活泼可爱，雕饰简约，显然是当时的工匠根据自己的思想创作而成的。

记录时，对两组石狮质感的表达，也有着不同的方式和思考。母子石狮的表现用简练的短直线，明快的光影强调了体块与形态；湿气产生的青苔机理斑驳可见；而另一组石狮，因常年游客的抚摸，显得圆润、光滑，朴实端庄，稚趣十足。

天然浑厚

案例一

铺首

铺首，指门环的底座，具有一定装饰意义，属于功能性与装饰性高度统一并具有驱邪意义的传统门饰构件。古书注有“门之铺首，所以衔环也”。铺首是衔门环的底座，固定在门上，通常为铜质，部分采用铁质，早期有着较强的实用意义。

古代，铺首造型一般采用具有吉祥寓意的禽类、兽类，前额突出饱满、鼻头硕大，脸颊凸出，露齿衔环，威严凶猛，具有除灾避难、驱鬼辟邪的功能。兽面周围浅刻花卉草木纹样，精美细致；铺首边缘采用似莲花纹样线条收边，象征纯洁，寓意吉祥。

案例二

门环

门环是与铺首配合使用的环形扣手，除与铺首相连接部位外，门环是活动的，可以用之扣门，启闭门户，两门环之间可用锁锁住大门。铺首衔环的造型随着朝代更迭与经济的兴衰起伏而变化。唐宋时造型精美别致，元代体现粗犷、豪放、刚劲的风格，到了明代，因礼制需要进行划分，一般民宅多为六边形略带花饰，中间凸起的形式，吊环出现环形、菱形、叶形等多种形态。铺首整体为矩形，中间小的矩形部分凸起，并有四叶草与花卉雕刻图形做简单装饰，衔接环形门环，整体造型简洁、素雅、别致。相比之下，门环的造型更加简单，门环的基座直接以圆柱形代替，门环也采用简单的环形，仅以门环内侧的凹凸型纹路做唯一装饰，与门板经年累月所受的腐蚀相吻合。此为晚期普通民居大门门环。

案例三

如意卷云花边雕饰

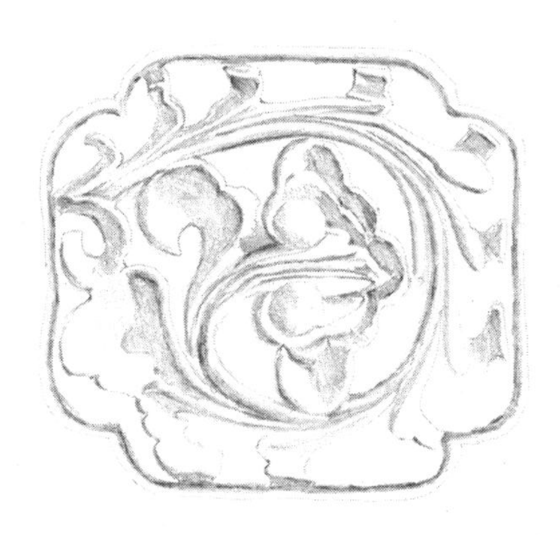

卷云花边雕饰的云纹多有如意和高升之意。在一柄状图案的双侧歧出两朵状若云头的回钩图案，并随着一股气流向上升腾，左右散开作反向旋转，斜浮于空中，具有流动感和生机勃勃的雄浑气息。

雕饰外形像四叶草，有吉祥健康之意，整体来看，画面达到了“图面有意，意在吉祥”的境界。

案例四

麒麟砖雕

砖雕以万字字纹为底，寓意吉祥之所集，画中所画神物从其外部形状上看，集龙头、鹿角、狮眼、虎背、熊腰、蛇鳞、麕为一体，故为古人创造出的虚幻动物麒麟，麒麟长寿，能活两千年，能吐火，声音如雷。“有毛之虫三百六十，而麒麟为之长”。

麒麟表现形式活灵活现，其面部表情狰狞，有镇宅化煞之意，其形态婆娑，步伐矫健，寓意长寿吉祥、万福万寿。整体上看，其布局严谨，疏密得当，远近适宜，层次分明，神态生动，富有典型的徽州砖雕文化特征。

案例五

祥兽砖雕

在民间工艺美术品种中，砖雕是一种历史久远的建筑装饰艺术。有关记载先见于《左传》“晋灵公不君，厚敛以雕墙。”实物自汉至清屡有发现，近代发展为一种民间工艺，南方当推苏州与嘉兴。江南砖雕，由于苏州园林的兴起，促进了砖雕工艺水平的提高，苏州砖雕也因园林所具有的雅趣而形成自己的特点，即常在作品中点缀书法、印章等与砖雕花卉构成诗、书、画一体，与苏州这一文化名城的气氛十分协调。

麒麟作为吉祥物，在砖雕中也常采用。麒麟分为送子麒麟、赐福麒麟、镇宅麒麟等，其名字代表其寓意，现今很多普通老百姓家有摆放。麒麟被赋予了高贵、仁慈、祥瑞之意。

图中麒麟雕纹华丽，身躯趋向于狮虎形象，用石板雕琢而成，该雕塑挺胸曲腰，颈短而阔，昂首作仰天长啸状，兽身纹饰极富装饰味，其体感强，且厚实，在重视整体感的基础上，更注意夸张和变形，显得壮美而有生气。

案例六

木雕饰品

徽州木雕，属传统“徽州四雕”之一。徽州由于其独特的地理位置，山区盛产木材，且大多纹理清晰、材质柔软，徽州木雕的主要材质有楠木、紫檀、沉香、红木等。旧时，徽州木雕多用于建筑物和家庭用具上的装饰，其分布之广在全国首屈一指，遍及城乡，民居宅院的屏风、窗棂、拦柱，日常使用的床、桌、椅、案和平民用具上均可一睹木雕的风采。

徽州木雕大多保持天然质地，很少在表面涂漆和喷料，保持着木材本来的纹理和色彩，这体现着一种质朴、厚重之美。该木雕上的瑞兽为鹿。鹿，是尊贵的瑞兽，在古代神话中西王母就骑乘着白鹿。同时，“鹿”又与“禄”谐音，因此，木雕上的鹿就意指俸禄，暗指当官。谐音与借代两个手法共同表达“富”与“贵”的双重寓意。

花卉瓜果因其具有美好、甜蜜、收获的吉祥寓意，长期以来深受人们的喜爱。出现在徽州木雕中的花卉瓜果类题材，突出地体现了古人追求生活富足、美满的愿望。花卉瓜果一般不单独在木雕上使用，多和其他景物配合形成构图、造型，共同表现特定的寓意与主题。如，牡丹和凤凰配合，表达富贵；梅花和喜鹊一起，表达喜庆；几个金黄的柿子，表达事事如意。“梅、兰、竹、菊”四君子，在木雕中也有出现，这是文雅、崇高的主题内容，体现着古民居主人志趣品格的坚贞与高洁。其他的还有松柏、莲荷等，均表现着特定的意义。瓜果中石榴出现得比较多，这是因为石榴多籽，被用于厅堂木雕的造型中，是为了迎合住宅的主人希望多子多福的心愿。佛手、红桃等瓜果形象多和博古类的古代器物造型一起出现在木雕上，两类形态不同的造型典雅与鲜活对比，相互映衬，愈发展现出积极的人生理想和高贵的儒雅气质。这些花卉瓜果的雕刻繁简搭配，展现出勃勃的生机和玲珑、精巧之美，让人们既可以借物寓意、抒怀，又能体味到生活的甜美。花卉瓜果类题材木雕呈现出朴素大方的视觉印象。

案例七

假山石

假山石，尤其是太湖石，讲究“皱透漏瘦”。天然的石头放在人工的庭院里，自然成为一个主景。画作描绘的正是天然与人工之间的对比关系。通过对假山石肌理的详细描绘，与周围整齐的庭院布局形成映照。

案例八

马头墙

高低起伏、错落有致的马头墙，达成形式与功能的理想结合。防火、防盗的高墙深院，满足了饱受颠沛流离之苦的迁徙家族获得心理安全的需要。

案例九

村头景致

人与人的交流离不开交往的场所，人性化的场所设计可用性强，具有社交的吸引力，并满足群体的安全感和舒适度等需求。类似的公共空间，在现代城市环境设计中，往往被忽略、被功利化、被符号化。

精巧有趣

案例一

铜器二种

铜器是以青铜为基本原料加工而制成的器皿、用器等。

铜烛台是普遍使用的照明灯具之一。尤其造型精美的铜烛台，其形象逼真，寓意美好。比如图中的烛台底部为铜盆，以盛接燃尽的蜡油而设，中间细，两头粗，顶端平台用以托起柱状蜡烛或膏烛以照明，极具日常实用性和艺术美观性。

“盆”是口大底小的皿，和口大腹小的“盌”有相同之处，通常为圆形，比盘深。比如图中的这一铜盆就富有其特征。

案例二

蝙蝠镂空木雕

木雕在徽州体现在建筑的各个部位，如图中镂雕木构件常见于徽州民居门下或房梁部位。图示雕刻样式由蝙蝠、草龙、如意等纹饰构成。图示中部为简化如意纹饰，寓意“称心如意”；上部左右两侧为蝙蝠样式雕刻，雕刻细致精美，蝙蝠为汉族传统寓意纹样，民俗常将“蝠”与“福”谐音，并将蝙蝠的飞临，结合“进福”，寓意吉祥福气。下部中间为铜钱样式，该雕刻是商人住宅中的雕刻纹样，传达了宅院主人对富贵的美好愿景；铜钱两侧为简化草龙纹样，为龙纹的一种，高度简化的龙头与龙身为回纹与卷草纹的结合体，形成一种抽象、柔和的雕刻效果，纹饰层次丰富、造型美观、富有动感，寓意是吉祥、幸福、美好。需要注意的是，构件中铜钱的部位处于整体中的最下方，也侧面体现了古代官本商末中商人的地位。

案例三

“商”字元宝梁

徽州民居住宅中常见元宝梁，多为商户住宅中构件。徽州清代商人所建造的民居中，常采用将梁托、月梁、雀替三个构件组合形成布币的形状，再采用镂雕、浅浮雕等手法雕饰成“商”字造型，通过不同构件间形制的相互配合组成“商”字是古徽州商人住宅的一种特色。

图中上部单独构件为梁托，周围采用回字形雕刻装饰，中间部位将线条、花卉结合雕刻，整体精致有趣；中部两头下弯，中间拱起的构件为月梁，整体采用向内弯曲的祥云、花卉、卷草纹雕刻，中间有元宝形物件下挂流苏穗，皆通过木雕完成，造型呈中轴对称，有序而巧妙；左右两侧最下方的雕花小构件为雀替，置于梁枋下方，可以缩短梁枋净跨距离，随着时间推移，雀替的装饰作用更加明显。

案例四

平远楼

平远楼位于扬州观音山平山堂,这座楼的特点是,下半部分是硬山，上半部分变成了悬山。下半部分是厅堂格局，而上半部分变成了阁楼。厅堂与阁楼同时出现在一座古建筑中，实属罕见。这充分说明，传统建筑中既有严格的做法与标准，同时又能富于变化，创造出新颖的形式来。

案例五

门楼

特殊的人生经历，决定了这栋房子的主人特别的审美需求。中西合璧的典范，建筑构件元素和形式的融合，恰到好处，不失典雅。